KB077919

엑셀을 이용한 구조역학 입문

차바타 요스케 · 다나카 카즈미 저
송명관 · 노혁천 역

CIR 도서출판 씨·아·이·알

저자 서문

구조역학에 관한 서적은 이미 훌륭한 서적들이 많이 출판되어 있어 이제 와서 천학(淺學)인 본 저자가 새롭게 쓸 내용이 없다고 생각된다. 그러나 현재의 PC(Personal Computer)의 급속한 진보와 보급에 대응하는 구조역학 서적의 필요성을 느껴 대담하게도 본서를 출판하기에 이르렀다.

본서에서는 기술자들 사이에서도 자주 이용되고 있는 엑셀의 표계산 및 VBA(Visual Basic Application)를 충분히 활용하도록 하였다. 제1장, 제2장에서는 도형의 단면2차모멘트, 전단력, 휨모멘트 등 기초적인 설명이나 간단한 예제들을 많이 수록하였다. 이것은 PC를 많이 이용한다고 하여도 어느 정도의 기초적인 배경지식을 이해해 두는 것이 중요하다고 생각하였기 때문이다. 제3장, 제4장, 제5장에서는 구체적인 보(beam)들의 계산을 제시하고 있으며, 특히 제5장의 마지막 예제들에서는 여러 가지 정정보에서 임의의 하중을 재하하여 구조계산을 수행할 수 있는 범용적인 프로그램들을 게재하였다. 제6장, 제7장에서는 라멘구조, 트러스구조 계산프로그램을 사용한 계산예들을 수록하였고, 프로그램들도 첨부하였다. 구조역학은 실무에 있어서도 매우 유용한 분야이며, 특히 PC를 이용함으로써 더욱 유용한 분야이다. 이러한 입장에서 본서를 출판하게 되었다.

차바타 요스케, 다나카 카즈미

역자 서문

국내의 토목기술관련 서적들은 전문적인 내용을 기술하다 보니 토목기술자들에게 다소 딱딱하거나 진부한 내용들의 서적이 많은 것이 사실입니다. 또한, 토목기술자가 토목설계, 공사비견적 등의 토목관련 업무수행 시에 이론적 · 계산적인 업무보다는 업무수행에 실질적으로 이용될 수 있는 기본적인 도구 및 지식들을 얻을 수 있는 토목기술 서적이 필요하다는 것이 현재 국내 토목기술자들의 요구사항이 아닌가 생각합니다.

역자들이 국내의 설계사 및 연구소에서 근무할 때 토목공학과 관련된 알차고, 유익하고, 다양한 일본의 토목기술 자료들을 접하면서 많은 부러움을 가짐과 동시에, 이러한 자료 및 서적들을 번역하여 국내의 토목기술자들에게 소개하고 싶은 마음을 가지게 되었습니다.

본서는 일본의 토목기술관련 서적들 중에서 국내 토목기술자들에게 가장 기초적이면서도 실무에 필요하다고 생각되는 한 권을 선택하여 번역한 것입니다. 본서에서는 기본적인 구조역학 개념을 소개하였으며, 이를 이용한 엑셀프로그램의 사용방법에 대하여 설명하였습니다. 엑셀프로그램은 토목기술자, 특히 구조기술자들이 실무 수행 시 유용하고 빈번하게 사용하는 프로그램임에도 불구하고, 이러한 엑셀프로그램을 이용한 구조역학의 실무적용에 관련한 국내 토목기술 서적이 없었습니다. 역자들은 이러한 빈자리를 채울 수 있기를 바라는 마음으로 본서를 출판하게 되었습니다. 본서에 수록한 엑셀프로그램의 VBA 코드들은 실제 업무수행을 위하여 얼마든지 변경되고 확장될 수 있다고 생각합니다. 독자들께서도 청출어람하시어 토목기술 업무수행 시에 적용하시고 많은 도움을 받을 수 있기를 바랍니다.

본서가 세상에 출판되기까지 고마운 많은 분들이 있었습니다.

먼저, 본서가 출판될 수 있도록 긍정적인 마인드로 적극적으로 도와주신 씨아이알의 김성배 사장님과 직원들께 깊은 감사를 드립니다. 그리고, 사랑과 이해로 응원해 준 가족들께 짧게나마 고마운 마음을 전합니다.

2010년 봄에
송명관, 노혁천

C·O·N·T·E·N·T·S

제 1 장
힘과 도형의 모멘트

1.1 힘과 힘의 모멘트

힘 및 가속도는 그 크기만으로는 정할 수 없는 양이므로 그 방향도 동시에 지정하여야 한다. 즉, 어느 정도의 크기로 어느 방향으로 힘이 가해지는지가 명확하지 않으면 의미가 없다.

이와 같은 의미에서 방향을 갖는 양을 벡터(vector)량이라고 한다. 이에 반하여 방향을 지정하지 않고도 정할 수 있는 양, 예컨대 체적 및 질량 등을 스칼라(scalar)량이라고 한다.

체적에 힘이 작용하면 그 크기, 작용하는 방향, 위치에 따라 그 결과는 달라진다. 또한, 물체를 어떤 방향으로 회전되도록 하는 힘이 존재한다. 이와 같은 어떤 점을 중심으로 하여 회전되도록 하는 작용을 힘의 모멘트(moment)라고 한다.

그리고, 어떤 한 점에 대한 여러 개의 힘의 모멘트가 작용하였다고 하면 그 총합은 그 합력의 동일점에 대한 힘의 모멘트와 같다. 이것을 바리그논의 정리 (Varignon's theorem)라고 한다.

또한, 구조물 등이 이동도 회전도 없이 정지하고 있을 때, 그 구조물에 작용하는 힘은 평형상태라고 말할 수 있다. 이러한 경우는 항상 이하의 세 조건을 만족하고 있다.

$$\Sigma H = 0$$: 각 힘의 수평분력의 총합은 0이다.

$$\Sigma V = 0$$: 각 힘의 연직분력의 총합은 0이다. (1.1)

$$\Sigma M = 0$$: 각 힘의 모멘트의 총합은 0이다.

1.2 도형의 모멘트

그림 1.1에 표시하는 바와 같은 직교 xy축 좌표계 내부에 어떤 임의 도형이 있다고 하자. 이 때, 도형의 x축에 대한 모멘트는 도형 안의 미소면적에 x축으로부터 거리 y를 곱하고, 이러한 값들을 도형전체에 걸쳐 합한 값이다.

그림과 같이 도형을 n개의 미소부분으로 분할하고, 그 미소면적을 a_i, x축 및 y축으로부터의 거리를 각각 x_i 및 y_i라고 하고, $a_i x_i$ 및 $a_i y_i$를 구하여 집계하면 다음과 같이 된다.

$$\begin{aligned} Q_x &= a_1 y_1 + a_2 y_2 + \cdots + a_i y_i + \cdots + a_n y_n = \sum_{i=1}^{n} a_i \cdot y_i \\ Q_y &= a_1 x_1 + a_2 x_2 + \cdots + a_i x_i + \cdots + a_n x_n = \sum_{i=1}^{n} a_i \cdot x_i \end{aligned} \tag{1.2}$$

이와 같이 구한 Q_x, Q_y를 x축 또는 y축에 관한 단면1차모멘트라고 한다.

또한, 이 때, 아래 식과 같이 미소면적에 각축으로부터의 거리의 2승을 곱하여 도형전체에 걸쳐 합한 값을 각각, 각축에 대한 단면2차모멘트라고 한다.

$$\begin{aligned} I_x &= a_1 y_1^2 + a_2 y_2^2 + \cdots + a_i y_i^2 + \cdots + a_n y_n^2 = \sum_{i=1}^{n} a_i \cdot y_i^2 \\ I_y &= a_1 x_1^2 + a_2 x_2^2 + \cdots + a_i x_i^2 + \cdots + a_n x_n^2 = \sum_{i=1}^{n} a_i \cdot x_i^2 \end{aligned} \tag{1.3}$$

그림 1.2에 보이는 바와 같이 면적 A의 도심 G점을 원점으로 하는 직교도심축을 X축, Y축으로 표시하고, 다음 식으로부터 계산된다. x축, y축에 관한 단면1차모멘트가 0이 되도록 하는 직교축에서의 원점(x_0, y_0)을 도심이라고 한다.

$$x_0 = \frac{Q_y}{A}$$
$$y_0 = \frac{Q_x}{A} \tag{1.4}$$

또한, x축, y축에 관한 단면2차모멘트를 I_x, I_y, X축, Y축에 관한 단면2차모멘트를 I_X, I_Y로 하면 다음 식이 성립한다.

$$I_x = I_X + Ay_0^2$$
$$I_y = I_Y + Ax_0^2 \tag{1.5}$$

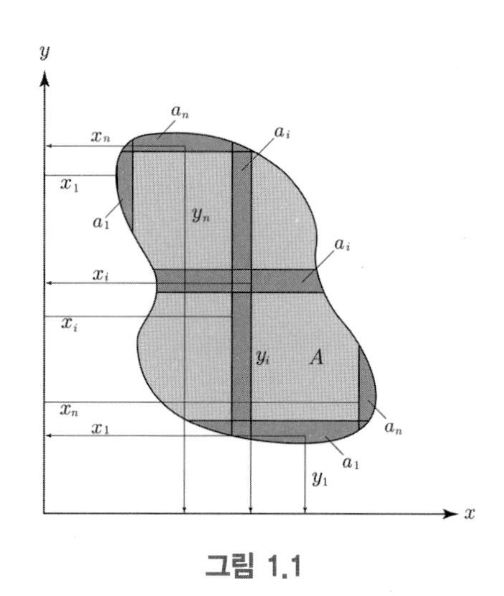

그림 1.1

1차 모멘트는 도심을 의미하지만, 0차 모멘트라고 하면 이것은 도형의 면적을 나타낸다. 이 모멘트들은 구조역학 등에서는 구조물의 강도 관계에 자주 사용되고 수리학에서는 정수압의 계산에 사용되고 있다.

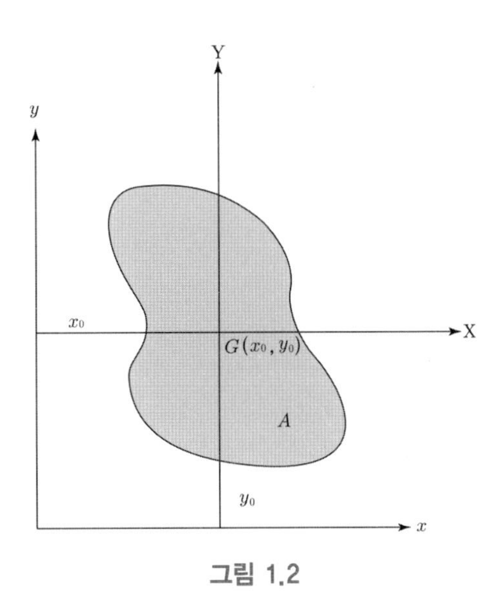

그림 1.2

그림 1.3에 표시하는 바와 같은 5종류의 기본적인 도형에 대해서 면적 A, 도심의 위치(도형의 최하점으로부터 도심까지의 높이 y_0)와 단면2차모멘트 I_0를 구한 식을 표시하면 표 1.1과 같이 된다.

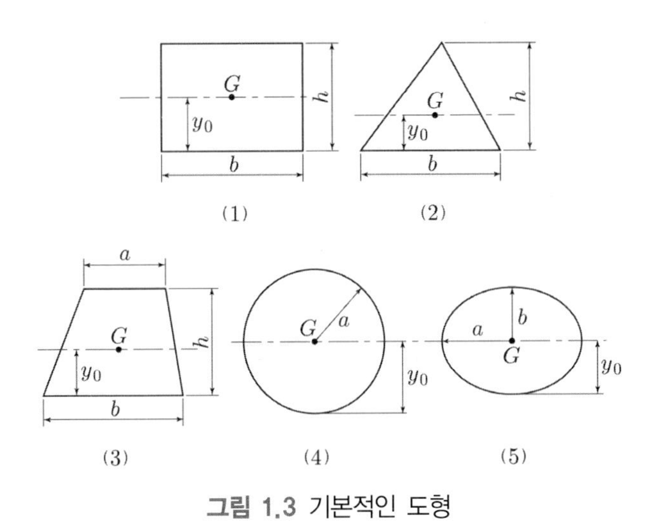

그림 1.3 기본적인 도형

표 1.1 주요한 도형의 면적, 도심위치 및 단면2차모멘트

	(1) 장방형	(2) 삼각형	(3) 사다리꼴형	(4) 원형	(5)타원형
면적 A	bh	$\frac{bh}{2}$	$\frac{h}{2}(a+b)$	πa^2	πab
도심위치 y_0	$\frac{h}{2}$	$\frac{h}{3}$	$\frac{h}{3}\frac{(2a+b)}{(a+b)}$	a	b
단면2차모멘트 I_0	$\frac{bh^3}{12}$	$\frac{bh^3}{36}$	$\frac{h^3}{36}\frac{(a^2+4ab+b^2)}{(a+b)}$	$\frac{\pi a^4}{4}$	$\frac{\pi ab^3}{4}$

엑셀 예제 1-1

그림 1.3에 나타내는 5종류의 도형에 대해서 각 도형의 a, b, h를 입력하고 단면적, 도심위치, 단면2차모멘트를 구한 표를 엑셀로 작성한다.

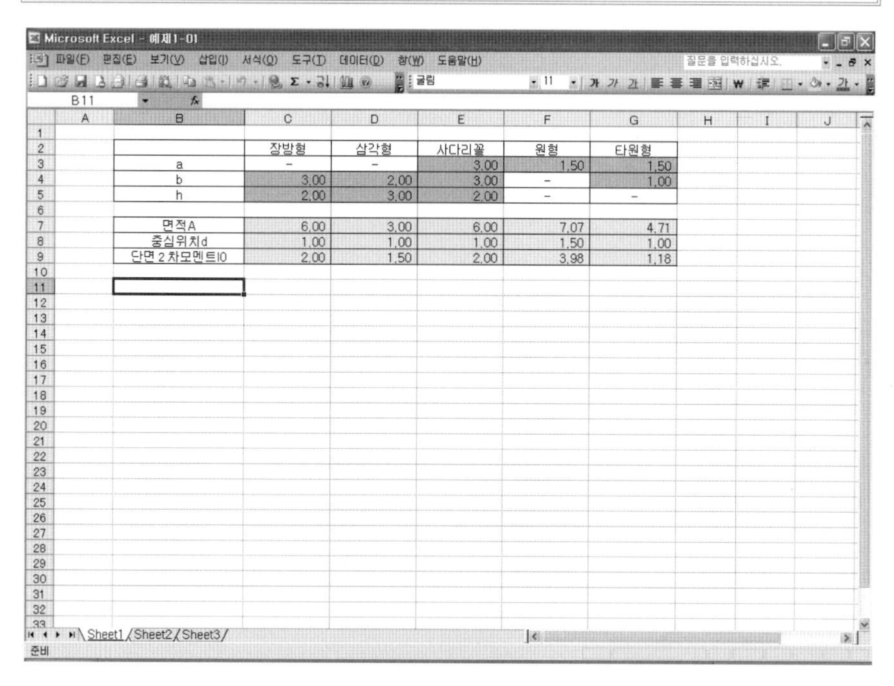

	장방형	삼각형	사다리꼴	원형	타원형
a	-	-	3.00	1.50	1.50
b	3.00	2.00	3.00	-	1.00
h	2.00	3.00	2.00	-	-
면적A	6.00	3.00	6.00	7.07	4.71
중심위치d	1.00	1.00	1.00	1.50	1.00
단면 2 차모멘트I0	2.00	1.50	2.00	3.98	1.18

그림 1.4 엑셀 예제 1-1

엑셀 계산식(셀의 내용)

```
C7=C4*C5
D7=D4*D5/2
E7=(E3+E4)*E5/2
F7=F3^2*3.141592
G7=G3*G4*3.141592
C8=C5/2
D8'=D5/3
E8=(E5/3)*(2*E3+E4)/(E3+E4)
F8=F3
G8=G4
C9=C4*C5^3/12
D9=D4*D5^3/36
E9=(E5^3/36)*(E3^3+4*E3*E4+E4^2)/(E3+E4)
F9=(3.141592*F3^4)/4
G9=(3.141592*G3*G4^3)/4
```

1.2.1 단면1차모멘트 및 단면2차모멘트

여기서는 각종 도형 및 단면의 단면2차모멘트를 계산해 본다.

엑셀 예제 1-2

그림 1.5에 나타내는 사각형의 x축에 관한 단면 1차모멘트 Q_x, 도심위치 y_0 및 단면2차모멘트 I_x를 구한다.

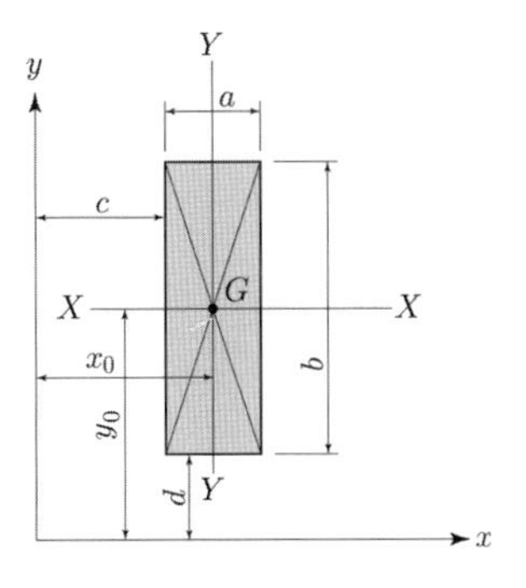

그림 1.5 장방형의 위치관계

x축 및 y축에 관한 단면1차모멘트 Q_x, Q_y는 장방형의 면적, $a \times b = A$로 하면 각각 $A \times y_0$, $A \times x_0$가 된다.

그리고, 도심위치 x_0, y_0는 $x_0 = Q_y / A$, $y_0 = Q_x / A$로 구한다.

장방형 $(a \times b)$의 도심축 $(X - X)$에 관한 단면2차모멘트 I_x는 표 1.3에 의해 $ab^3/12$가 된다.

다음으로 x축 및 y축에 관한 단면2차모멘트 I_x, I_y는 식 (1.5)에 의해 각각 $I_X + Ay_0^2$, $I_Y + Ax_0^2$가 된다.

이상의 내용을 엑셀의 셀에 있어서는 그림 1.6과 같이 된다. 셀의 내용을 이하에 나타낸다.

단, 그림 1.6은 a=2.0cm, b=10.0cm, c=5.0cm, d=4.0cm로 한 경우의 사각형의 x축에 관한 단면2차모멘트를 구한 경우이다.

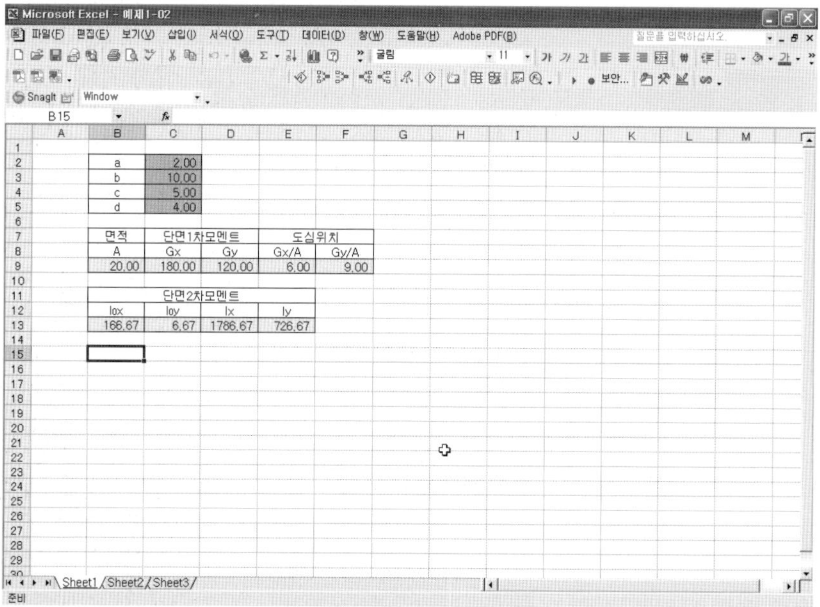

Microsoft Excel - 예제1-02
a 2.00
b 10.00
c 5.00
d 4.00
면적
단면1차모멘트
도심위치
A Gx Gy Gx/A Gy/A
20.00 180.00 120.00 6.00 9.00
단면2차모멘트
Iox Ioy Ix Iy
166.67 6.67 1786.67 726.67
Sheet1 Sheet2 Sheet3

그림 1.6 엑셀 예제 1-2

엑셀 계산식(셀의 내용)

```
B9=C2*C3
C9=B9*(C5+C3/2)
D9=B9*(C4+C2/2)
E9=D9/B9
F9=C9/B9
B13=(C2*C3^3)/12
C13=C3*C2^3/12
D13=B13+B9*F9^2
E13=C13+B9*E9^2
```

엑셀 예제 1-3

그림 1.7에 나타내는 도형의 x축, y축에 대한 단면2차모멘트를 구한다.

순서로서는 엑셀 예제 1.2와 동일하게 대상으로 하는 도형(사다리꼴형)을 장방형과 삼각형으로 분할하여 각각 계산하고, 그들을 합계를 내어서 구한다.

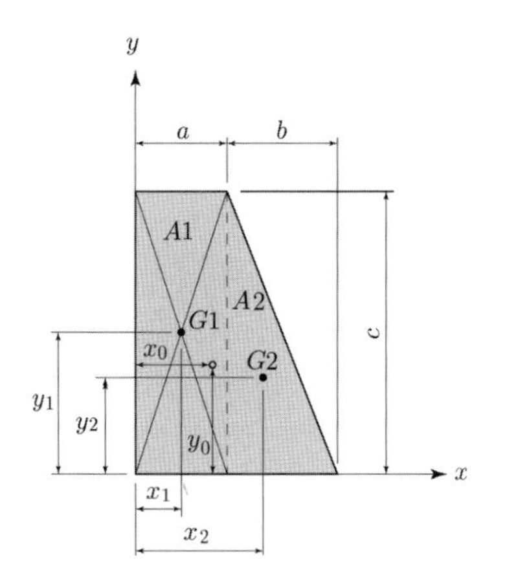

그림 1.7 도형의 위치관계

a=3.0cm, b=5.0cm, c=12.0cm로서 계산한 경우에 대해서 표시하면, 엑셀 시트는 그림 1.8에 나타내는 바와 같이 되며 그 때의 셀의 내용은 이하에 표시하는 바와 같이 된다.

엑셀 계산식(셀의 내용)

C9=C2
D9=C4
E9=C9*D9
F9=C2/2
G9=C4/2
H9=E9*G9
I9=E9*F9
C10=C3
D10=C4
E10=C10*D10/2
F10=C2+C3/3
G10=C4/3
H10=E10*G10
I10=E10*F10
E11=E9+E10
H11=H9+H10
I11=I9+I10
J11=I11/E11
K11=H11/E11
C15=C9*D9^3/12
D15=D9*C9^3/12
E15=E9*F9^2
F15=E9*G9^2
G15=C15+F15
H15=D15+E15
C16=C10*D10^3/36
D16=D10*C10^3/36
E16=E10*F10^2
F16=E10*G10^2
G16=C16+F16
H16=D16+E16
E17=E11*J11^2
F17=E11*K11^2
G17=G15+G16
H17=H15+H16
I17=G17-F17
J17=H17-E17

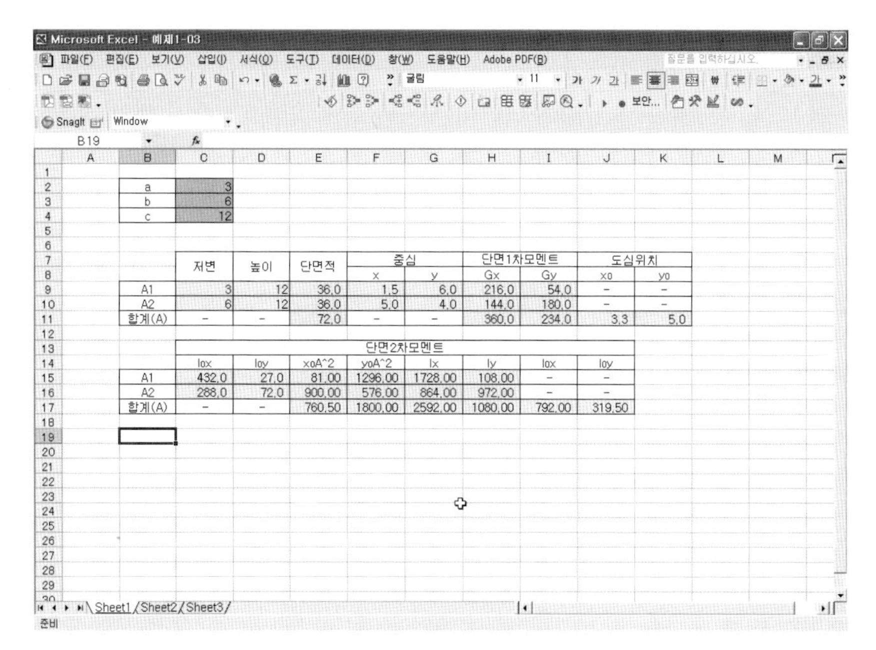

a	3
b	6
c	12

	저변	높이	단면적	중심		단면1차모멘트		도심위치	
				x	y	Gx	Gy	xo	yo
A1	3	12	36.0	1.5	6.0	216.0	54.0	-	-
A2	6	12	36.0	5.0	4.0	144.0	180.0	-	-
합계(A)	-	-	72.0	-	-	360.0	234.0	3.3	5.0

	단면2차모멘트							
	Iox	Ioy	xoA^2	yoA^2	Ix	Iy	Iox	Ioy
A1	432.0	27.0	81.00	1296.00	1728.00	108.00	-	-
A2	288.0	72.0	900.00	576.00	864.00	972.00	-	-
합계(A)	-	-	760.50	1800.00	2592.00	1080.00	792.00	319.50

그림 1.8 엑셀 예제 1-3

엑셀 예제 1-4

그림 1.9에 나타내는 도형의 x축, y축에 관한 단면1차모멘트 Q_x, Q_y, 도심위치 x_0, y_0 및 단면2차모멘트 I_x, I_y를 구한다.

순서로는 엑셀 예제 1-3과 동일하게 도형을 2개로 분할하여 구한다.

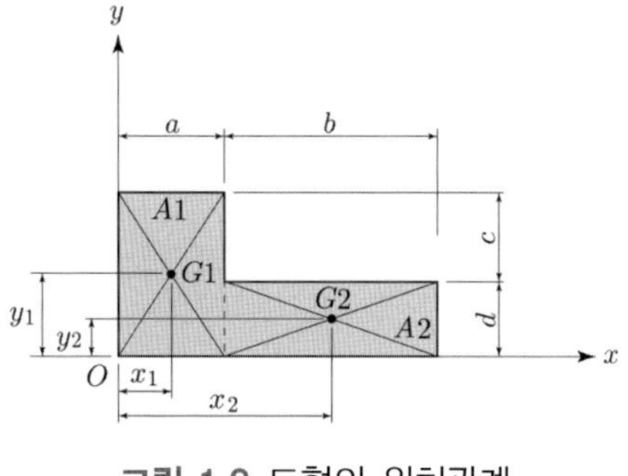

그림 1.9 도형의 위치관계

a=4.0cm, b=8.0cm, c=4.0cm, d=2.0cm로서 계산한 경우에 대해서 표시하면, 엑셀시트는 그림 1.10에 나타내는 바와 같이 되며 그 때의 셀의 내용은 이하에 표시하는 바와 같이 된다.

엑셀 계산식(셀의 내용)

```
C9=C2
D9=C4+C5
E9=C9*D9
F9=C2/2
G9=(C4+C5)/2
H9=E9*G9
I9=E9*F9
C10=C3
D10=C5
E10=C10*D10
F10=C2+C3/2
G10=C5/2
H10=E10*G10
I10=E10*F10
E11=E9+E10
H11=H9+H10
I11=I9+I10
J11=I11/E11
K11=H11/E11
C15=C9*D9^3/12
D15=D9*C9^3/12
E15=E9*F9^2
F15=E9*G9^2
G15=C15+F15
H15=D15+E15
C16=C10*D10^3/12
D16=D10*C10^3/12
E16=E10*F10^2
F16=E10*G10^2
G16=C16+F16
H16=D16+E16
E17=E11*J11^2
F17=E11*K11^2
```

G17=G15+G16
H17=H15+H16
I17=G17−F17
J17=H17−E17

a	4
b	8
c	4
d	2

	저변	높이	단면적	중심		단면1차모멘트		도심위치	
				x	y	Gx	Gy	x0	y0
A1	4	6	24.0	2.0	3.0	72.0	48.0	−	−
A2	8	2	16.0	8.0	1.0	16.0	128.0	−	−
합계(A)	−	−	40.0	−	−	88.0	176.0	4.4	2.2

	단면2차모멘트							
	Iox	Ioy	x0A^2	y0A^2	Ix	Iy	Iox	Ioy
A1	72.0	32.0	96.00	216.00	288.00	128.00	−	−
A2	5.3	85.3	1024.00	16.00	21.33	1109.33	−	−
합계(A)	−	−	774.40	193.60	309.33	1237.33	115.73	462.93

그림 1.10 엑셀 예제 1-4

엑셀 예제 1-5

그림 1.11에 나타내는 T형 단면에 대해서 폭, 높이, 두께 등의 형상치수를 제시하여 단면의 면적, 도심의 위치 및 단면2차모멘트를 구한다.

순서로는 엑셀 예제 1-3과 동일한 방법, 순서로 구한다.

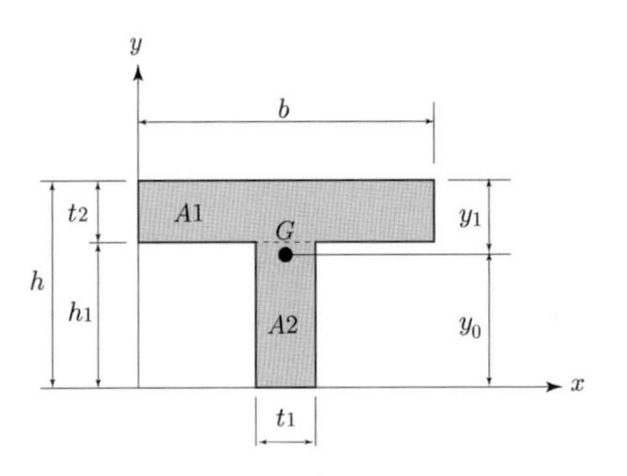

그림 1.11 T형 단면의 위치관계

h=15.0cm, b=20.0cm, t_1=3.0cm, t_2=3.0cm의 경우에 대해서 엑셀에서 계산한 엑셀시트를 그림 1.12에 나타내고 그 셀의 내용을 이하에 나타낸다.

엑셀 계산식(셀의 내용)

```
C9=C3
D9=C5
E9=C9*D9
F9=C3/2
G9=C2-C5/2
H9=E9*G9
I9=E9*F9
C10=C4
D10=C2-C5
E10=C10*D10
F10=C3/2
G10=(C2-C5)/2
H10=E10*G10
I10=E10*F10
E11=E9+E10
H11=H9+H10
I11=I9+I10
J11=I11/E11
H11=H11/E11
C15=C9*D9^3/12
D15=D9*C9^3/12
```

E15=E9*F9^2
F15=E9*G9^2
G15=C15+F15
H15=D15+E15
C16=C10*D10^3/12
D16=D10*C10^3/12
E16=E10*F10^2
F16=E10*G10^2
G16=C16+F16
H16=D16+E16
E17=E11*J11^2
F17=E11*K11^2
G17=G15+G16
H17=H15+H16
I17=G17−F17
J17=H17−E17

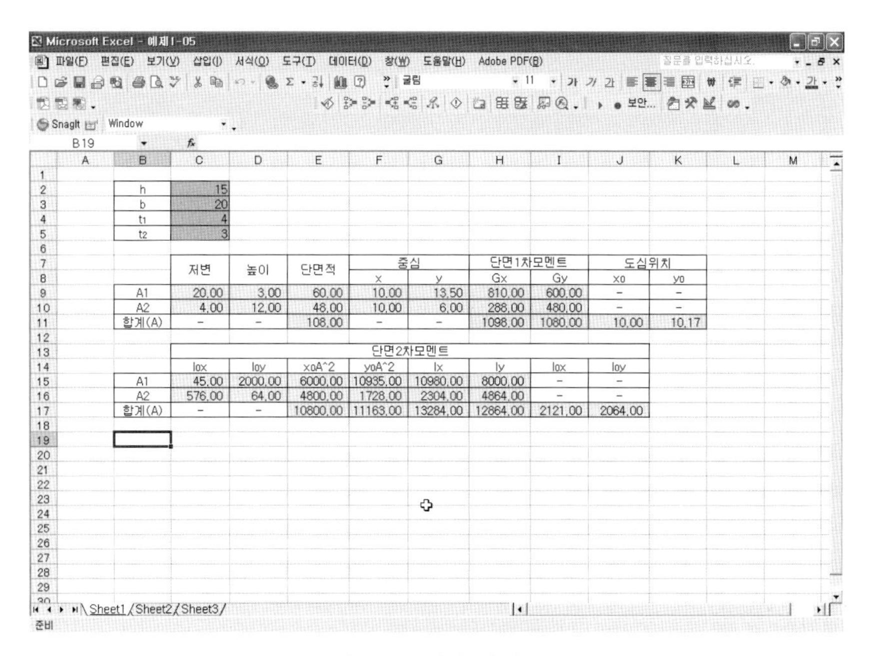

h	15
b	20
t1	4
t2	3

	저변	높이	단면적	중심		단면1차모멘트		도심위치	
				x	y	Gx	Gy	x0	y0
A1	20.00	3.00	60.00	10.00	13.50	810.00	600.00	−	−
A2	4.00	12.00	48.00	10.00	6.00	288.00	480.00	−	−
합계(A)	−	−	108.00	−	−	1098.00	1080.00	10.00	10.17

	단면2차모멘트							
	Iox	Ioy	x0A^2	y0A^2	Ix	Iy	Iox	Ioy
A1	45.00	2000.00	6000.00	10935.00	10980.00	8000.00	−	−
A2	576.00	64.00	4800.00	1728.00	2304.00	4864.00	−	−
합계(A)	−	−	10800.00	11163.00	13284.00	12864.00	2121.00	2064.00

그림 1.12 엑셀 예제 1-5

엑셀 예제 1-6

그림 1.13에 나타내는 I형 단면에 대해서 각 형상치수를 제시하여 면적, 단면1차모멘트 도심의 위치 및 단면2차모멘트를 구한다.

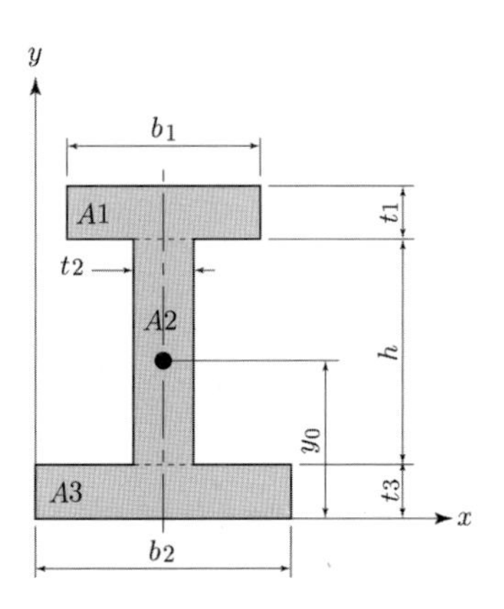

그림 1.13 I형 단면의 위치관계

순서로서는 엑셀 예제 1-3과 동일한 방법, 순서로 구한다.

b_1=5.0cm, b_2=8.0cm, h=4.0cm, t_1=t_2=t_3=2.0cm의 경우에 대해서 계산을 실행한 결과를 그림 1.14에 나타낸다.

엑셀시트를 그림 1.14에 나타내고 그 셀의 내용을 이하에 나타낸다.

엑셀 계산식(셀의 내용)

```
C11=C2
D11=C5
E11=C11*D11
F11=C7+C4+C5/2
G11=C3/2
H11=E11*G11
I11=E11*F11
C12=C6
D12=C4
```

```
E12=C12*D12
F12=C7+C4/2
G12=C4/2
H12=E12*G12
I12=E12*F12
C13=C3
D13=C7
E13=C13*D13
F13=C3/2
G13=C5/2
H13=E13*G13
I13=E13*F13
E14=E11+E12
H14=H11+H12
I14=I11+I12
J14=I14/E14
K14=H14/E14
C18=C11*D11^3/12
D18=D11*C11^3/12
E18=E11*F11^2
F18=E11*G11^2
G18=C18+F18
H18=D18+E18
C19=C12*D12^3/12
D19=D12*C12^3/12
E19=E12*F12^2
F19=E12*G12^2
G19=C19+F19
H19=D19+E19
C20=C13*D13^3/12
D20=D13*C13^3/12
E20=E13*F13^2
F20=E13*G13^2
G20=C20+F20
H20=D20+E20
E21=E14*J14^2
F21=E14*K14^2
G21=SUM(G18:G20)
H21=SUM(H18:H20)
I21=G21-F21
J21=H21-E21
```

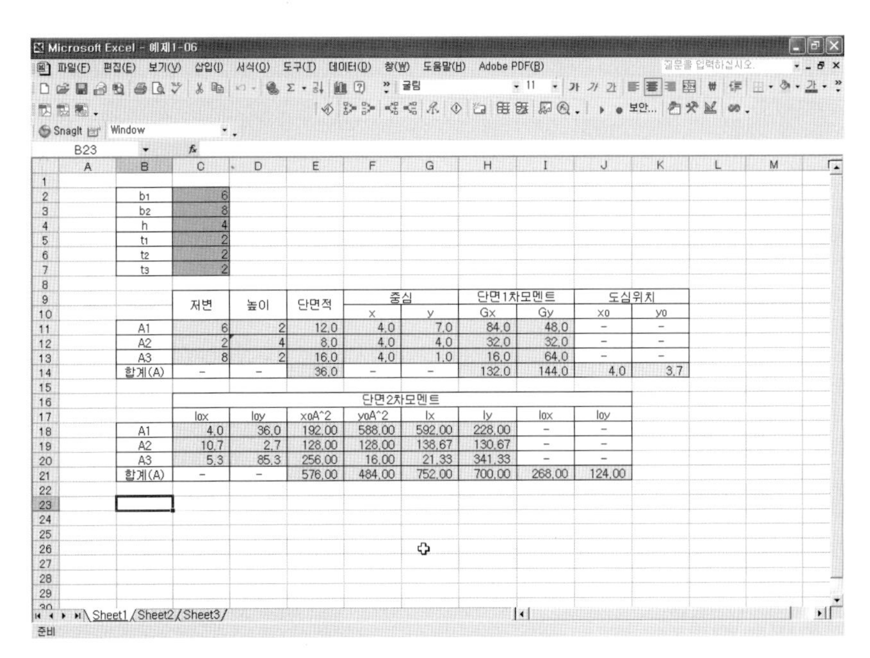

b1	6
b2	8
h	4
t1	2
t2	2
t3	2

	저변	높이	단면적	중심		단면1차모멘트		도심위치	
				x	y	Gx	Gy	x0	y0
A1	6	2	12,0	4,0	7,0	84,0	48,0	–	–
A2	2	4	8,0	4,0	4,0	32,0	32,0	–	–
A3	8	2	16,0	4,0	1,0	16,0	64,0	–	–
합계(A)	–	–	36,0	–	–	132,0	144,0	4,0	3,7

	단면2차모멘트							
	Iox	Ioy	x0A^2	y0A^2	Ix	Iy	Iox	Ioy
A1	4,0	36,0	192,00	588,00	592,00	228,00	–	–
A2	10,7	2,7	128,00	128,00	138,67	130,67	–	–
A3	5,3	85,3	256,00	16,00	21,33	341,33	–	–
합계(A)	–	–	576,00	484,00	752,00	700,00	268,00	124,00

그림 1.14 엑셀 예제 1-6

엑셀 예제 1-7

그림 1.15에 나타내는 단면에 대해서 각 형상치수를 제시하고 면적, 단면1차모멘트 도심의 위치 및 단면2차모멘트를 구한다.

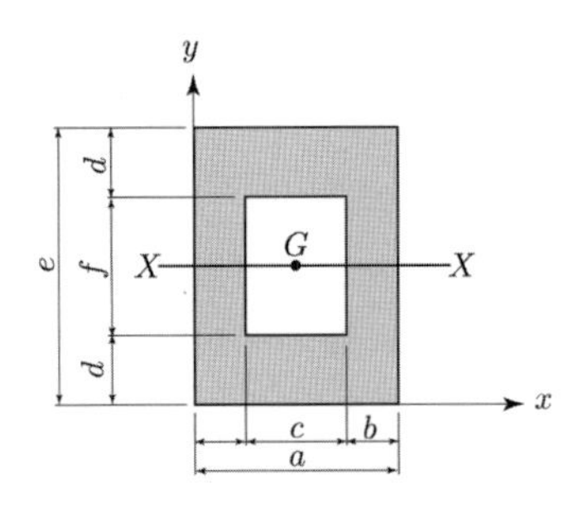

그림 1.15 도형의 위치 관계

순서로는 엑셀 예제 1-3과 동일한 방법, 순서로 구한다.

a=6.0cm, b=1.5cm, c=3.0cm, d=8.0cm, e=2.0cm, f=4.0cm로 한 경우의 계산예의 엑셀시트를 그림 1.16에 나타내고 그 셀의 내용을 이하에 나타낸다.

엑셀 계산식(셀의 내용)

```
C11=C2
D11=C5
E11=C11*D11
F11=C2/2
G11=C5/2
H11=E11*G11
I11=E11*F11
C12=C4
D12=C7
E12=C12*D12
F12=C3+C4/2
G12=C6+C7/2
H12=E12*G12
I12=E12*F12
E13=E11-E12
H13=H11-H12
I13=I11-I12
J13=I13/E13
K13=H13/E13
C17=C11*D11^3/12
D17=D11*C11^3/12
E17=E11*F11^2
F17=E11*G11^2
G17=F17-C17
H17=D17+E17
C18=C12*D12^3/12
D18=D12*C12^3/12
E18=E12*F12^2
F18=E12*G12^2
G18=F18-C18
H18=D18+E18
E19=E13*J13^2
F19=E13*K13^2
G19=G17-G18
H19=H17-H18
```

I19=F19−G19
J19=H19−E19

a	6
b	1.5
c	3
d	8
e	2
f	4

	저변	높이	단면적	중심		단면1차모멘트		도심위치	
				x	y	Gx	Gy	xo	yo
A1	6.00	8.00	48.00	3.00	4.00	192.00	144.00	−	−
A2	3.00	4.00	12.00	3.00	4.00	48.00	36.00	−	−
합계(A)	−	−	36.00	−	−	144.00	108.00	3.00	4.00

	단면2차모멘트							
	Iox	Ioy	xoA^2	yoA^2	Ix	Iy	Iox	Ioy
A1	256.00	144.00	432.00	768.00	512.00	576.00	−	−
A2	16.00	9.00	108.00	192.00	176.00	117.00	−	−
합계(A)	−	−	324.00	576.00	336.00	459.00	240.00	135.00

그림 1.16 엑셀 예제 1-7

1.2.2 단면계수

연장방형의 단면을 가진 보는 횡방향보다도 종방향으로 사용하는 쪽이 강하다. 또한, 동일한 단면적을 가진 원형의 강봉이면 중공의 파이프로 하는 쪽이 강하다.

단면계수는 이와 같은 보의 강도를 계산하는 데에 사용되며, 단면2차모멘트를 단면의 도심으로부터 단면 상연 또는 하연까지의 거리로 나누어 구해진다. 즉,

$$(\text{단면계수}) = \frac{(\text{단면2차모멘트})}{(\text{도심축으로부터 상단 또는 하단까지의 거리})}$$

로 되며, 단위는 cm^3, m^3이다.

그림 1.17에서 도심축 $X-X$축에 관한 단면2차모멘트를 I_X, 도심으로부터 상연까지의 거리를 y_c, 하연까지의 거리를 y_t 라고 하면 상연단면계수 Z_c 및 하연단면계수 Z_t 는 각각

$$Z_c = \frac{I_X}{y_c}$$
$$Z_t = \frac{I_X}{y_t} \tag{1.6}$$

가 된다.

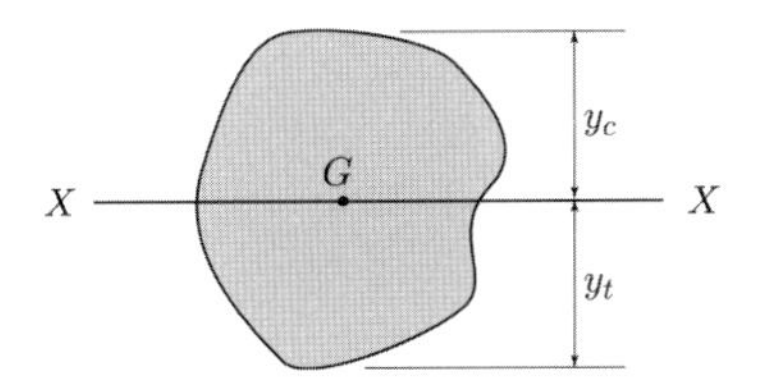

그림 1.17 단면계수의 상하연 거리

엑셀 예제 1-8

사각형, 원, 삼각형 등 간단한 단면의 단면계수를 구한다.

사각형의 도심축에 관한 단면2차모멘트 I_x 는 $bh^3/12$이고, 도심축에 대해서 상하대칭이므로 $y=y_c=y_t=h/2$가 된다. 따라서, 식 (1.6)에 의한 단면계수는

$$Z_c = Z_t = \frac{I_X}{y} = \frac{bh^3/12}{h/2} = \frac{bh^2}{6} \tag{1.7}$$

가 된다.

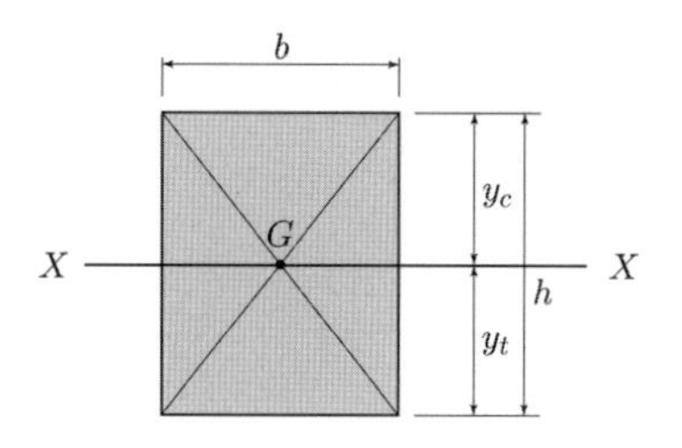

그림 1.18 사각형 단면

원형단면에 대해서도 동일하게

$$y_c = y_t = \frac{d}{2}$$

이므로 단면계수는

$$Z_c = Z_t = \frac{I_X}{y} = \frac{\pi d^4/64}{d/2} = \frac{\pi d^3}{32} \tag{1.8}$$

가 된다.

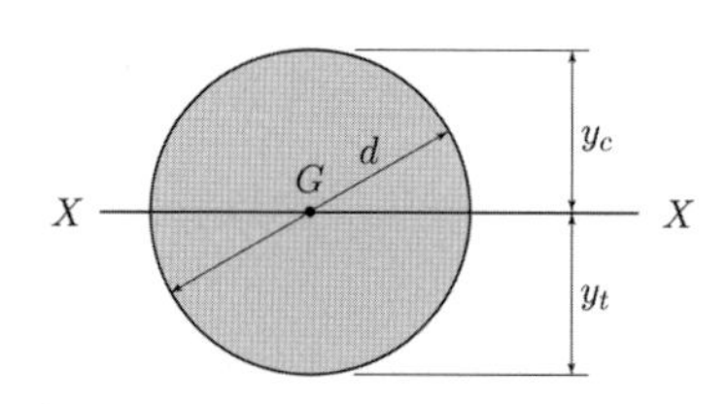

그림 1.19 원형단면

삼각형 단면의 상연 및 하연에서의 단면계수는

$$\text{단면2차모멘트 } I_X = \frac{I_X}{y} = \frac{bh^3}{36}$$

$$\text{상연까지의 거리 } y_c = \frac{2}{3}h$$

$$\text{하연까지의 거리 } y_t = \frac{1}{3}h$$

이다.

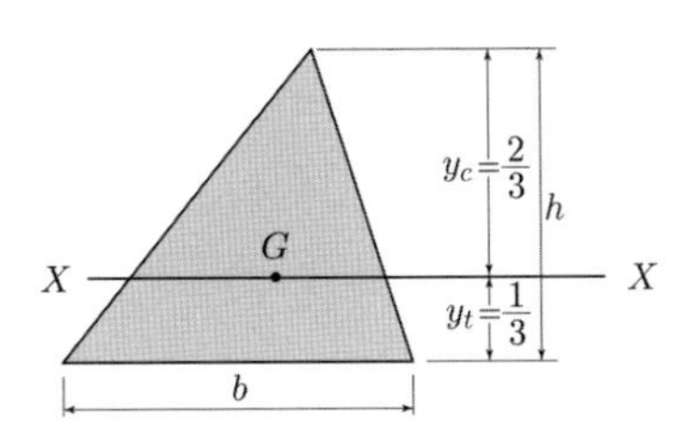

그림 1.20 삼각형 단면

따라서, 식 (1.6)에 의해 상연, 하연에서의 단면계수는

$$
\begin{aligned}
Z_c &= \frac{I_X}{y_c} = \frac{bh^3/36}{2h/3} = \frac{bh^2}{24} \\
Z_t &= \frac{I_X}{y_t} = \frac{bh^3/36}{h/3} = \frac{bh^2}{12}
\end{aligned}
\tag{1.9}
$$

가 된다.

		사각형	원	삼각형
b		5.00	-	5.00
h		4.00	-	4.00
d		-	4.00	-
IX		26.67	12.56	8.89
y	yc	2.00	2.00	2.67
	yt			1.33
Zc		13.33	6.28	3.33
Zt		13.33	6.28	6.67

그림 1.21 엑셀 예제 1-8

엑셀 계산식(셀의 내용)

D7=D3*D4^3/12
E7=3.14*E5^4/64
F7=F3*F4^3/36
D8=D4/2
E8=E5/2
F8=2*F4/3
F9=F4/3
D10=D7/D8
E10=E7/E8
F10=F7/F8
D11=D10
E11=E10
F11=F7/F9

엑셀 예제 1-9

그림 1.22에 나타내는 바와 같은 I형 단면의 상연·하연의 단면계수 Z_c, Z_t를 구한다.

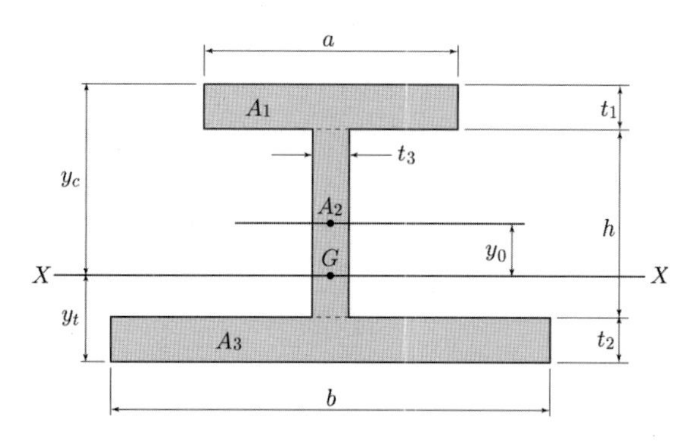

그림 1.22 I형 단면의 형상치수

우선 도심의 위치 y_0를 구하면

$$y_0 = \frac{Q_x}{\sum A_i}$$

가 된다. 계속해서 $X-X$축에 관한 단면2차모멘트 I_X는 식 (1.5)에 의해

$$I_X = I_x - Ay_0^2$$

가 되는데, 상연, 하연의 단면계수 Z_c, Z_t는 각각

$$Z_c = \frac{I_x}{y_c}$$

$$Z_t = \frac{I_x}{y_t}$$

에 의해 구한다.

이제 a=15.0cm, b=25.0cm, h=15.0cm, t_1=2.0cm, t_2=3.0cm, t_3=2.0cm로 한 경우의 엑셀시트를 그림 1.23에 나타내고, 계속해서 셀의 내용을 나타낸다.

Microsoft Excel - 예제1-09

a	15
b	25
h	15
t1	2
t2	3
t3	2

	저변	높이	단면적	중심 x	단면1차 모멘트	도심 yo
A1	15	2	30.0	19.0	570.0	-
A2	2	15	30.0	10.5	315.0	-
A3	25	3	75.0	1.5	112.5	-
합계(A)	-	-	135.0	-	997.5	7.4

	단면2차모멘트				Yc	Yt	단면계수	
	Iox	yoA^2	Ix	Iox			Zc	Zt
A1	10.0	10830.00	10840.00	-	-	-	-	-
A2	562.5	3307.50	3870.00	-	-	-	-	-
A3	56.3	168.75	225.00	-	-	-	-	-
합계(A)	-	7370.42	14935.00	7564.58	12.61	7.39	599.83	1023.78

그림 1.23 엑셀 예제 1-9

엑셀 계산식(셀의 내용)

```
C11=C2
D11=C5
E11=C11*D11
F11=C7+C4+C5/2
G11=E11*F11
C12=C6
D12=C4
E12=C12*D12
F12=C7+C4/2
G12=E12*F12
C13=C3
D13=C7
E13=C13*D13
F13=C7/2
G13=E13*F13
E14=SUM(E11:E13)
G14=SUM(G11:G13)
H14=G14/E14
C18=C11*D11^3/12
D18=E11*F11^2
E18=C18+D18
C19=C12*D12^3/12
D19=E12*F12^2
E19=C19+D19
C20=C13*D13^3/12
D20=E13*F13^2
E20=C20+D20
D21=E14*H14^2
E21=SUM(E18:E20)
F21=E21-D21
G21=C4+C5+C7-H14
H21=H14
I21=F21/G21
J21=F21/H21
```

1.2.3 단면2차반경

일반적으로 부재가 축방향에 압축력을 받는 경우, 부재내부에 발생하는 응력이 증가하면 부재는 압축되어 파괴한다.

그러나, 단면적에 비해 길이가 긴 부재는 압축 파괴되기 전에 휘어버린다. 이와 같이 세장한 부재의 축방향 압축에 대한 강도는 단면의 크기만이 아니고, 단면의 형상에 크게 관계한다. 이러한 휨에 취약함의 기준이 되는 것이 단면2차반경이다.

단면2차반경은 단면2차모멘트를 단면적으로 나눈 것의 2승근으로 구한다. 즉,

$$(\text{단면2차반경}) = \sqrt{\frac{(\text{단면2차모멘트})}{(\text{단면적})}}$$

가 되고, 단위는 cm, m가 된다.

그림 1.24와 같은 단면의 도심축 $X-X$, $Y-Y$에 관한 단면2차반경, i_x, i_y는 단면적을 A, 단면2차모멘트를 I_X, I_Y가 된다면,

$$i_x = \sqrt{\frac{I_X}{A}} \qquad i_y = \sqrt{\frac{I_Y}{A}} \tag{1.10}$$

가 된다.

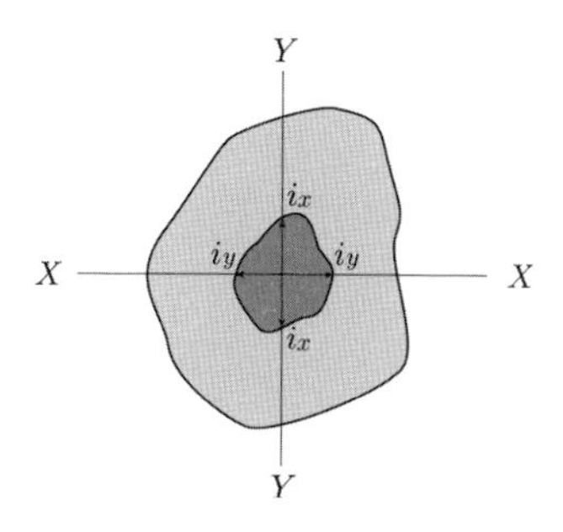

그림 1.24 단면2차반경

엑셀 예제 1-10

사각형과 원형에 대해서 각각 단면2차반경을 구한다.

도심축에 관한 단면2차모멘트 I_X, I_Y, 단면적 A가

$$I_X = \frac{bh^3}{12}$$

$$I_Y = \frac{hb^3}{12}$$

$$A = bh$$

가 되는데, 사각형의 단면2차반경은

$$\begin{aligned} i_x &= \sqrt{\frac{I_X}{A}} = \sqrt{\frac{bh^3/12}{bh}} = \sqrt{\frac{h^2}{12}} = \frac{h}{2\sqrt{3}} \\ i_y &= \sqrt{\frac{I_Y}{A}} = \sqrt{\frac{hb^3/12}{bh}} = \sqrt{\frac{b^2}{12}} = \frac{b}{2\sqrt{3}} \end{aligned} \quad (1.11)$$

가 된다.

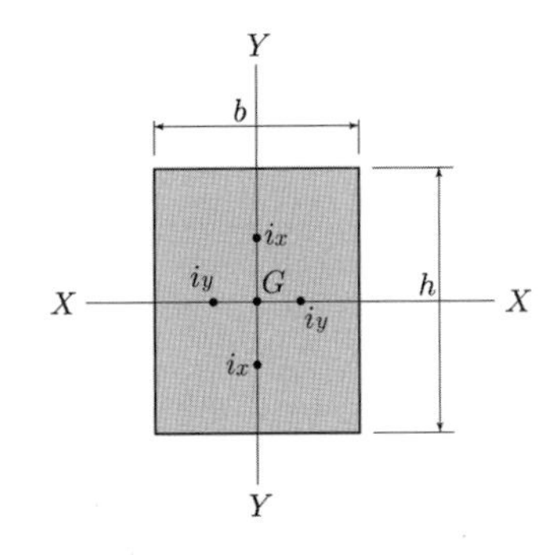

그림 1.25 사각형 단면의 단면2차반경

원형의 경우도 동일하게

$$I_X = I_Y = \frac{\pi d^4}{64}$$

$$A = \frac{\pi d^2}{4}$$

가 되고, 단면2차반경은

$$i_x = i_y = \sqrt{\frac{I}{A}} = \sqrt{\frac{\pi d^4}{64} / \frac{\pi d^2}{4}} = \sqrt{\frac{d^2}{16}} = \frac{d}{4}$$

가 된다.

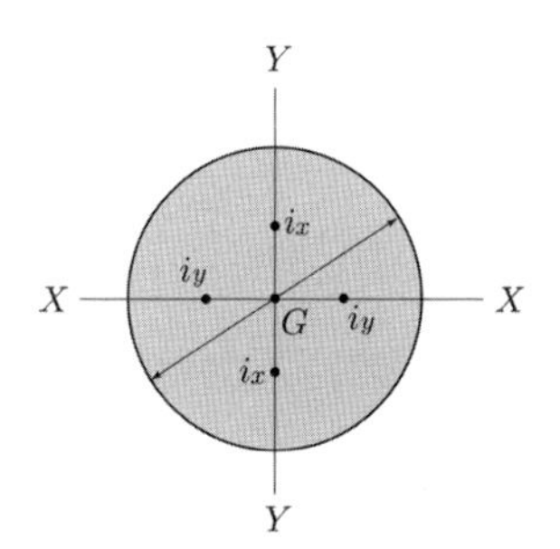

그림 1.26 원형단면의 단면2차반경

이제, h=20.0cm, b=10.0cm의 사각형 및 직경 5.0cm의 원형단면의 단면2차반경을 구하는 엑셀시트를 그림 1.27에 나타내고, 계속해서 그 셀의 내용을 표시한다.

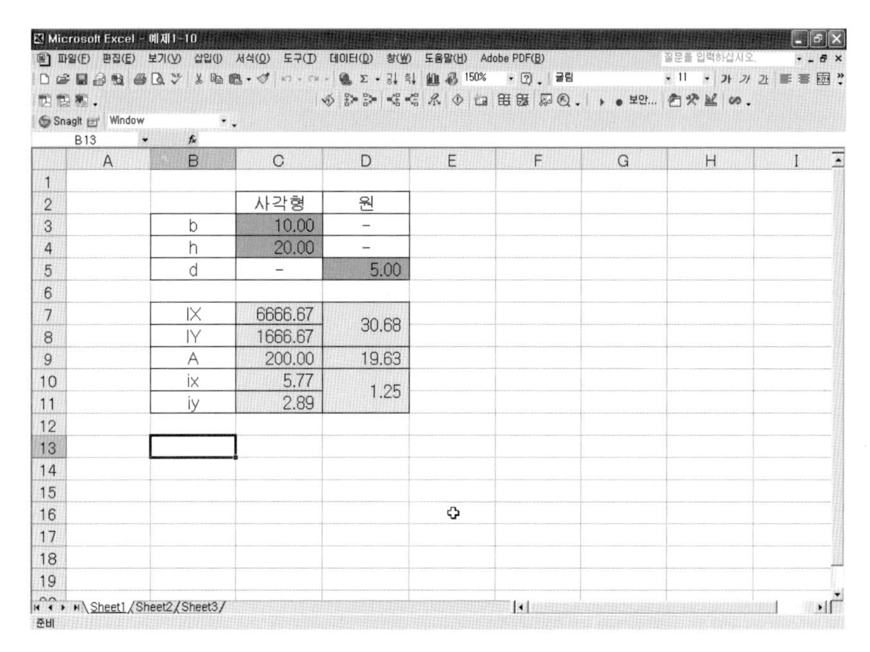

그림 1.27 엑셀 예제 1-10

엑셀 계산식(셀의 내용)

D7=D3*D4^3/12
D8=D4*D3^3/12
D9=D3*D4
D10=SQRT(D7/D9)
D11=SQRT(D8/D9)
E7=3.141592*E5^4/64
E9=3.141592*(E5/2)^2
E10=SQRT(E7/E9)

엑셀 예제 1-11

그림 1.28에 나타내는 $X-X$축, $Y-Y$축에 관한 단면2차반경 i_x, i_y를 구한다.

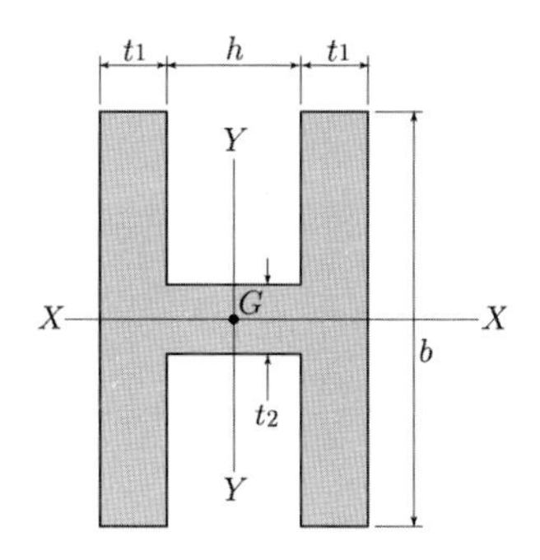

그림 1.28 H형단면의 형상치수

먼저 단면2차모멘트 I_X, I_Y를 구하고, 계속해서 단면적 A를 구하여 순차적으로 단면2차반경을 구해간다.

이제, b=30.0cm, h=20.0cm, t_1=3.0cm. t_2=2.0cm의 경우에 대해서 단면2차반경을 구한 경우의 엑셀시트를 그림 1.29에 나타내고, 계속해서 그 셀의 내용을 표시한다.

	사각형
b	30.00
h	10.00
t1	5.00
t2	5.00
IX	22604.17
IY	17500.00
A	350.00
ix	8.04
iy	7.07

그림 1.29 엑셀 예제 1-11

엑셀 계산식(셀의 내용)

C8=2*C5*C3^3/12+C4*C6^3/12
C9=C3*(C4+C5+C5)^3/12-C3*C4^3/12
C10=C3*C5*2+C4*C6
C11=SQRT(C8/C10)
C12=SQRT(C9/C10)

1.2.4 핵점

그림 1.30은 부재에 대하여 축방향으로 조금씩 위치를 변경하여 하중을 가할 경우의 응력의 상태를 표시하고 있다.

그림 중 (1)과 같이 중심에 하중이 작용하고 있을 때는 균등한 압축응력이 발생한다. 다음 (2)와 같이 하중을 조금 편심시켜 작용하면 압축응력은 균등해지지 않고, 편심하고 있는 측의 압축응력이 커지게 된다. (3)과 같이 하중을 더욱 편심시켜 가게 되면 A 점에 있어서 압축응력이 0이 되는 장소가 존재하게 된다. 이 때의 P가 작용하는 위치를 핵점이라고 한다. 핵점은 $X-X$축뿐만 아니라, $Y-Y$축 상에도 같은 식으로 존재하고 이 핵점을 연결한 범위를 핵이라고 한다. (4)와 같이 핵의 범위가 더욱 편심시켜 하중을 가하게 되면 그 반대측에 인장응력이 발생하게 된다.

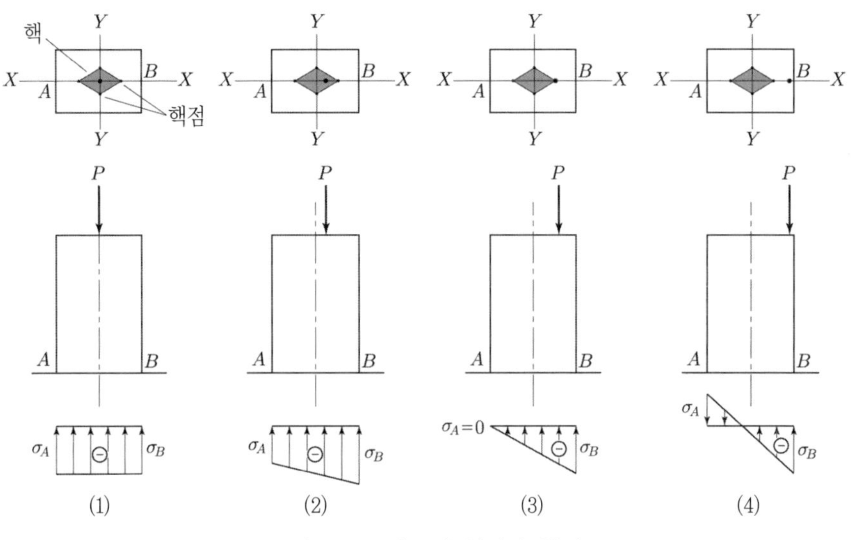

그림 1.30 하중의 위치와 핵점

핵점은 단면계수를 단면적으로 나누어 구할 수 있다. 즉,

$$(\text{핵 점}) = \frac{(\text{단 면 계 수})}{(\text{단 면 적})}$$

가 된다. 단위는 cm, m로 된다.

그림 1.31에 나타내는 바와 같이 단면에서의 $X-X$축에 관한 핵점 K_c, K_t는 식 (1.13)에 의해 구할 수 있다.

$$K_c = \frac{Z_t}{A}$$
$$K_t = \frac{Z_c}{A} \tag{1.13}$$

여기서 단면적 A, 상연 및 하연의 단면계수를 Z_c, Z_t로 한다.

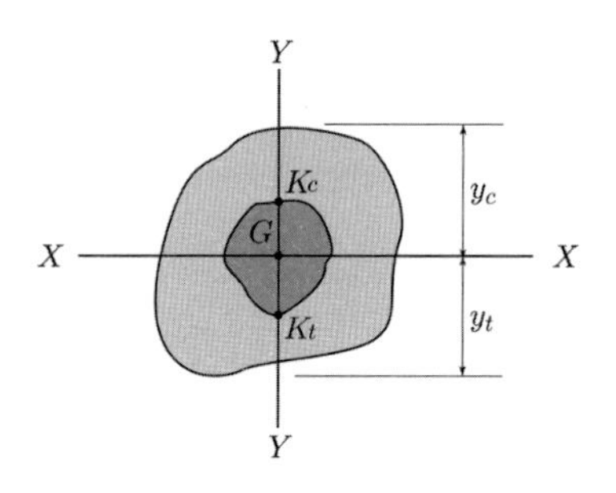

그림 1.31 핵점의 범위

엑셀 예제 1-12

그림 1.32에 나타내는 사각형단면과 원형단면의 $X-X$축, $Y-Y$축에 관한 핵점을 구한다.

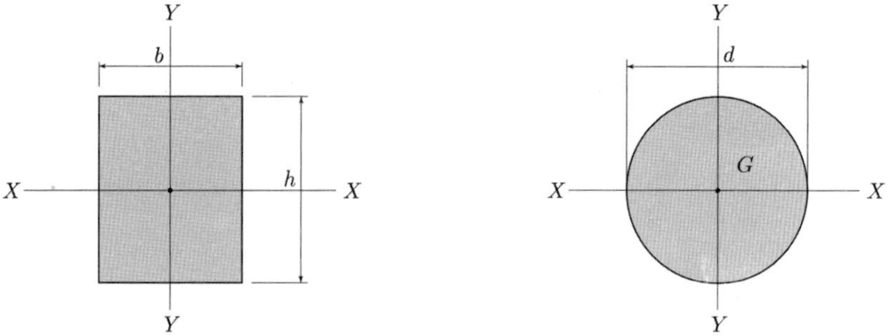

그림 1.32 사각형과 원형의 치수

사각형단면에 $X-X$축에 관한 단면계수 Z_X 및 $Y-Y$축에 관한 단면계수 Z_Y 및 단면적 A는

$$Z_X = \frac{bh^2}{6}$$

$$Z_X = \frac{hb^2}{6}$$

$$A = bh$$

가 된다. 따라서, 식 (1.13)으로부터 구한 $X-X$축에 관한 핵점 및 $Y-Y$축에 관한 핵점은

$$K_{X_c} = K_{X_t} = \frac{Z_X}{A} = \frac{bh^2/6}{bh} = \frac{h}{6}$$

$$K_{Y_c} = K_{Y_t} = \frac{Z_Y}{A} = \frac{hb^2/6}{bh} = \frac{b}{6}$$

가 된다.

원형단면도 동일하게 $X-X$축, $Y-Y$축에 관한 단면계수 및 단면적은

$$Z = \frac{\pi d^3}{32}$$

$$A = \frac{\pi d^2}{4}$$

가 되고, $X-X$축, $Y-Y$축에 관한 핵점은

$$K_c = K_t = \frac{Z}{A} = \frac{\pi d^3/32}{\pi d^2/4} = \frac{d}{8}$$

가 되고, 그림 1.33에 나타내는 바와 같이 된다.

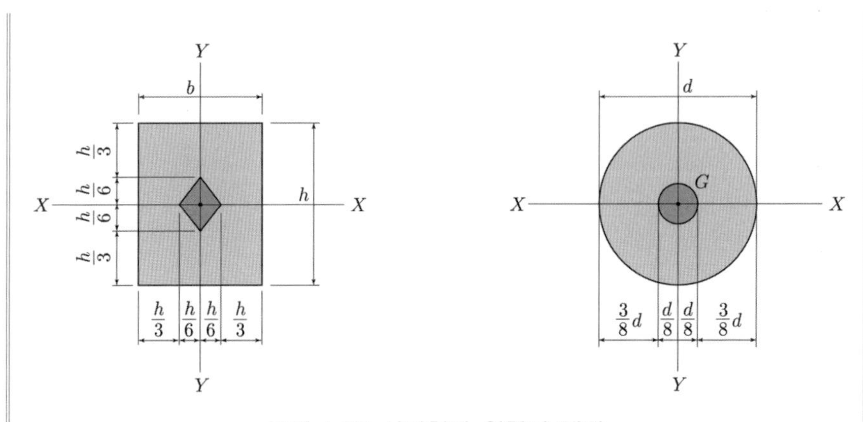

그림 1.33 사각형과 원형의 핵점

이제, b=20.0m, h=30.0cm의 사각형 및 d=20.0cm의 원형단면에 대해서 핵점을 구한 경우의 엑셀시트를 그림 1.34에 나타내고, 계속해서 셀의 내용을 나타낸다.

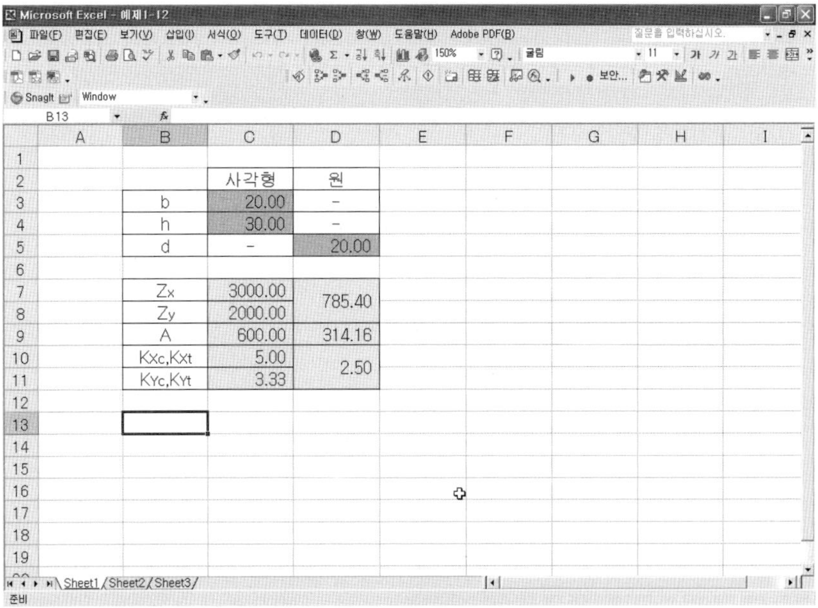

Microsoft Excel - 예제1-12

	B	C	D
2		사각형	원
3	b	20.00	-
4	h	30.00	-
5	d	-	20.00
6			
7	Zx	3000.00	785.40
8	Zy	2000.00	
9	A	600.00	314.16
10	KXc,KXt	5.00	2.50
11	KYc,KYt	3.33	

그림 1.34 엑셀 예제 1-12

엑셀 계산식(셀의 내용)

```
C7=C3*C4^2/6
C8=C4*C3^2/6
C9=C3*C4
C10=C7/C9
C11=C8/C9
D7=3.141592*D5^3/32
D9=3.141592*(D5/2)^2
D10=D7/D9
```

엑셀 예제 1-13

그림 1.35에 나타내는 단면의 $X-X$축, $Y-Y$축에 관한 핵점을 구한다.

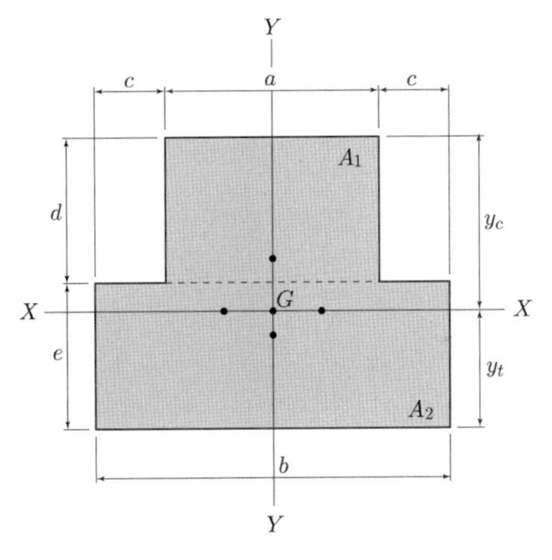

그림 1.35 단면의 형상치수

$X-X$축에 대해서 먼저 제1차모멘트를 구하고, 도심축의 위치 y_t를 구하면

$$y_t = \frac{Q_1 + Q_2}{A_1 + A_2}\ ,\quad y_c = d + e - y_t$$

가 되고, 계속해서 $X-X$축에 대한 제2차모멘트 I_X를

$$I_X = \frac{bh^3}{12} + Ay_0^2$$

로부터 2개의 사각형단면에 대해서 합계하여 구한다.

다음 Y_c, Y_t 및 I_X로부터 단면계수 Z_c, Z_t는

$$Z_c = \frac{I_X}{y_c}$$

$$Z_t = \frac{I_X}{y_t}$$

로부터 구할 수 있고, 이들로부터 핵점 K_c, K_t는 식 (1.13)으로부터

$$K_c = \frac{Z_t}{A}$$

$$K_c = \frac{Z_c}{A}$$

로서 계산할 수 있다.

이제, a=30.0cm, b=40.0cm, c=5.0cm, d=20.0cm, e=15.0cm로서 계산한다. 이 때의 엑셀시트를 그림 1.36에 나타내고, 계속해서 셀의 내용을 나타낸다.

	A	B	C	D	E	F	G	H	I
1									
2			사각형						
3		a	6.00						
4		b	10.00						
5		c	2.00						
6		d	4.00						
7		e	4.00						
8									
9		A_1	24.00	I_1	32.00	Z_c	72.30		
10		A_2	40.00	I_2	53.33	Z_t	92.95		
11		A	64.00	y_1	2.50	K_c	1.45		
12		Q_1	48.00	y_2	1.50	K_t	1.13		
13		Q_2	-80.00	Ix	325.33				
14		y_t	3.50						
15		y_c	4.50						

그림 1.36 엑셀 예제 1-13

엑셀 계산식(셀의 내용)

C9=C3*C6

C10=C4*C7

C11=C9+C10

C12=C9*(C6/2)

C13=-C10*(C7/2)

C14=C7+(C12+C13)/(C9+C10)

C15=C6+C7-C14

E9=C3*C6^3/12

E10=C4*C7^3/12

E11=C7+C6/2-C14

E12=C14-C7/2

E13=E9+C9*E11^2+E10+C10*E12^2

G9=E13/C15

G10=E13/C14

G11=G10/C11

G12=G9/C11

1.3 각종 부재의 표준단면치수 및 단면적, 단위중량, 단면특성

일반적으로 가설구조물에 자주 사용되는 부재의 표준단면치수 및 단면적, 단위중량, 단면특성을 JIS 규격으로부터 엑셀의 표에 작성하였다.

그리고, 시트 2에는 동일 데이터를 SI단위계로 변환하는 기능을 추가하고 있다. 사용방법은 콤보박스를 풀다운하여 부재를 선택하면 거기에 대응한 데이터가 표시되도록 되어 있다.

1.3.1 H형강

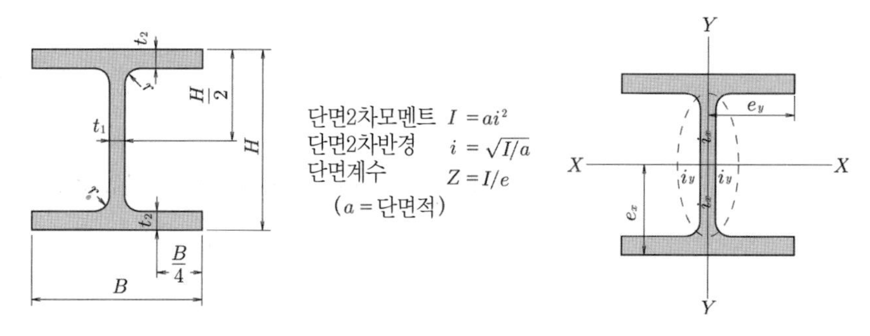

그림 1.37 H형강 단면도

호칭치수 (높이×변)	H×B	t_1	t_2	r	단면적 (cm^2)	단위중량 (kg/m)	단면2차모멘트 (cm^4)		단면2차반경 (cm)		단면계수 (cm^3)	
							I_x	I_y	i_x	i_y	Z_x	Z_y
500×200	469×199	9	14	13	99,29	77,9	40800	1840	20,3	4,31	1650	185
	500×200	10	16	13	112,2	88,2	46800	2140	20,4	4,36	1870	214
	506×201	11	19	13	129,3	102	55500	2580	20,7	4,46	2190	256
500×300	482×300	11	15	13	141,2	111	58300	6760	20,3	6,92	2420	450
	488×300	11	18	13	159,2	125	68900	8110	20,8	7,14	2820	540
600×200	596×199	10	15	13	117,8	92,5	66600	1980	23,8	4,10	2240	199
	600×200	11	17	13	131,7	103	75600	2270	24,0	4,16	2520	227
	606×201	12	20	13	149,8	118	88300	2720	24,3	4,26	2910	270
600×300	582×300	12	17	13	169,2	133	98900	7660	24,2	6,73	3400	511
	588×300	12	20	13	187,2	147	114000	9010	24,7	6,94	3890	601
	594×302	14	23	13	217,1	170	134000	10600	24,8	6,98	4500	700
700×300	692×300	13	20	18	207,5	163	168000	9020	28,5	6,59	4870	601
	700×300	13	24	18	231,5	182	197000	10800	29,2	6,83	5640	721
800×300	792×300	14	22	18	239,5	188	248000	9920	32,2	6,44	6270	661
	800×300	14	26	18	263,5	207	286000	11700	33,0	6,67	7160	781
900×300	890×299	15	23	18	266,9	210	339000	10300	35,6	6,20	7610	687
	900×300	16	28	18	305,8	240	404000	12600	36,4	6,43	8990	842
	912×302	18	34	18	360,1	283	491000	15700	36,9	6,59	10800	1040

그림 1.38 제원표 (시트 1)

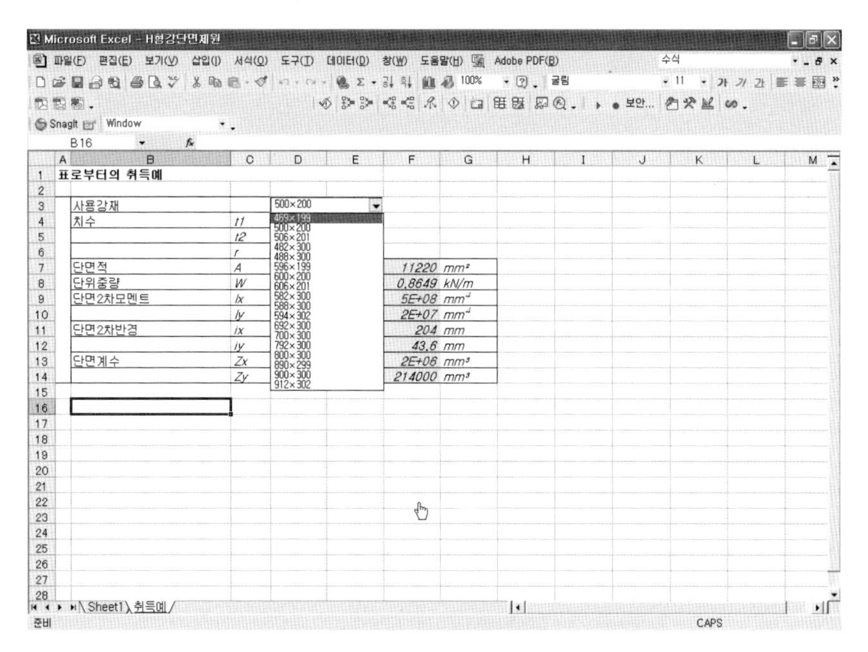

그림 1.39 콤보박스 풀다운 예 (시트 2)

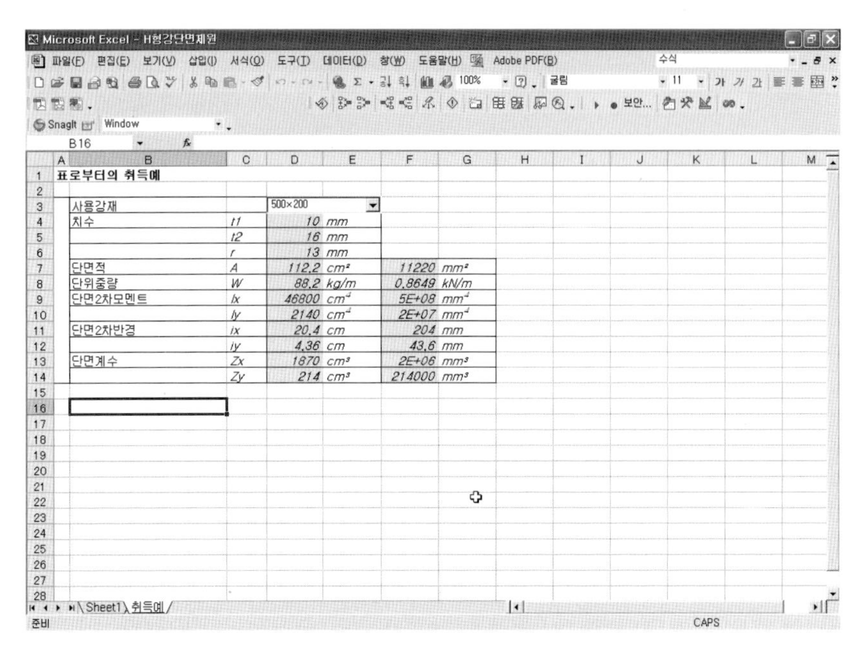

그림 1.40 표로부터 취득 예 (시트 2)

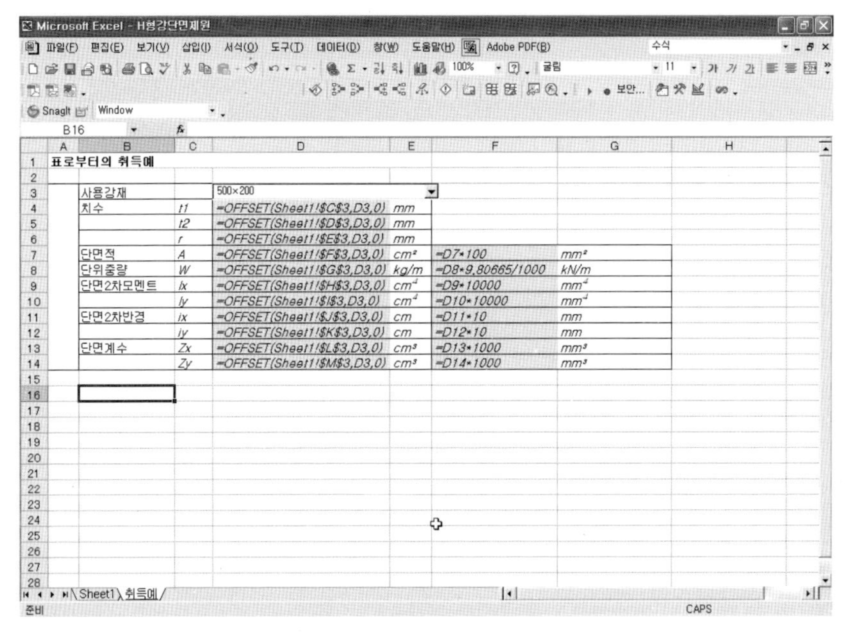

그림 1.41 셀의 수식 (시트 2)

1.3.2 I형강

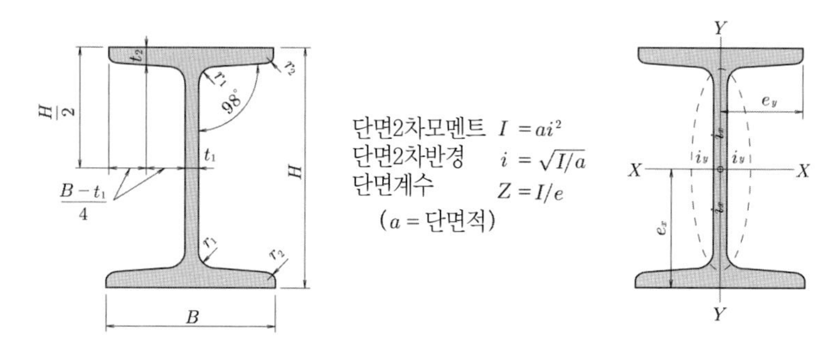

그림 1.42 I형강 단면도

Microsoft Excel - I형강단면제원

표준단면치수 (mm)					단면적 (cm^2)	단위중량 (kg/m)	비고							
							중심의 위치 (cm)		단면2차모멘트 (cm^4)		단면2차반경 (cm)		단면계수 (cm^3)	
H×B	t_1	t_2	r_1	r_2			C_x	C_y	I_x	I_y	i_x	i_y	Z_x	Z_y
200×100	7	10	10	5	33.06	26.0	0	0	2170	138	8.11	2.05	217	27.7
200×150	9	16	15	7.5	64.16	50.4	0	0	4460	753	8.34	3.43	446	100
250×125	7.5	12.5	12	6	48.79	38.3	0	0	5180	337	10.3	2.63	414	53.9
250×125	10	19	21	10.5	70.73	55.5	0	0	7310	538	10.2	2.76	585	86.0
300×150	8	13	12	6	61.58	48.3	0	0	9480	588	12.4	3.09	632	78.4
300×150	10	18.5	19	9.5	83.47	65.5	0	0	12700	886	12.3	3.26	849	118
300×150	11.5	22	23	11.5	97.88	76.8	0	0	14700	1080	12.2	3.32	978	143
350×150	9	15	13	6.5	74.58	58.5	0	0	15200	702	14.3	3.07	870	93.5
350×150	12	24	25	12.5	111.1	87.2	0	0	22400	1180	14.2	3.26	1280	158
400×150	10	18	17	8.5	91.73	72.0	0	0	24100	864	16.2	3.07	1200	115
400×150	12.5	25	27	13.5	122.1	95.8	0	0	31700	1240	16.1	3.18	1580	165
450×175	11	20	19	9.5	116.8	91.7	0	0	39200	1510	18.3	3.60	1740	173
450×175	13	26	27	13.5	146.1	115	0	0	48800	2020	18.3	3.72	2170	231
600×190	13	25	25	12.5	169.4	113	0	0	98400	2460	24.1	3.81	3280	259
600×190	16	35	38	19	224.5	176	0	0	130000	3540	24.1	3.97	4330	373

Sheet1 / 취득예 /

그림 1.43 제원표 (시트 1)

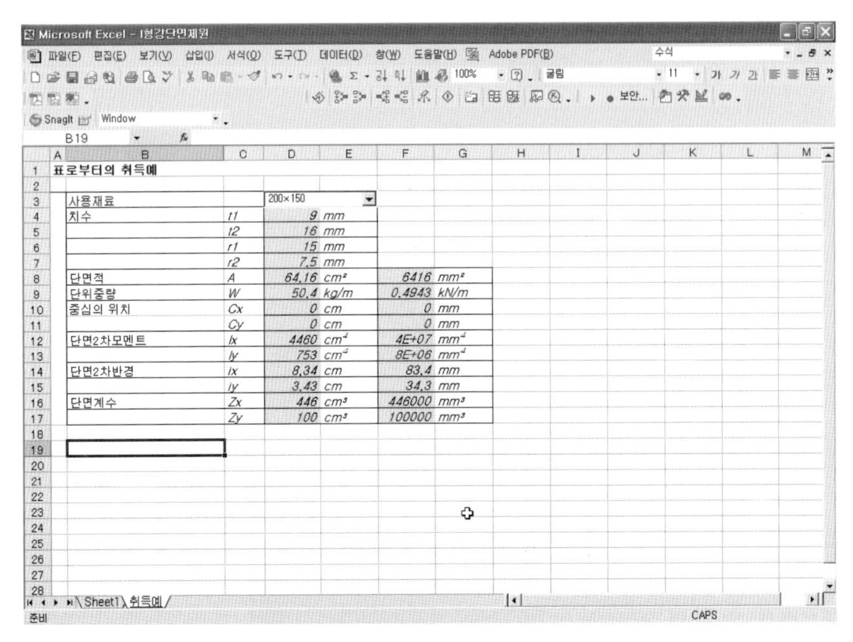

표로부터의 취득예

항목	기호	값	단위	값	단위
사용재료		200×150			
치수	t1	9	mm		
	t2	16	mm		
	r1	15	mm		
	r2	7.5	mm		
단면적	A	64.16	cm²	6416	mm²
단위중량	W	50.4	kg/m	0.4943	kN/m
중심의 위치	Cx	0	cm	0	mm
	Cy	0	cm	0	mm
단면2차모멘트	Ix	4460	cm⁴	4E+07	mm⁴
	Iy	753	cm⁴	8E+06	mm⁴
단면2차반경	ix	8.34	cm	83.4	mm
	iy	3.43	cm	34.3	mm
단면계수	Zx	446	cm³	446000	mm³
	Zy	100	cm³	100000	mm³

그림 1.44 표로부터 취득예 (시트 2)

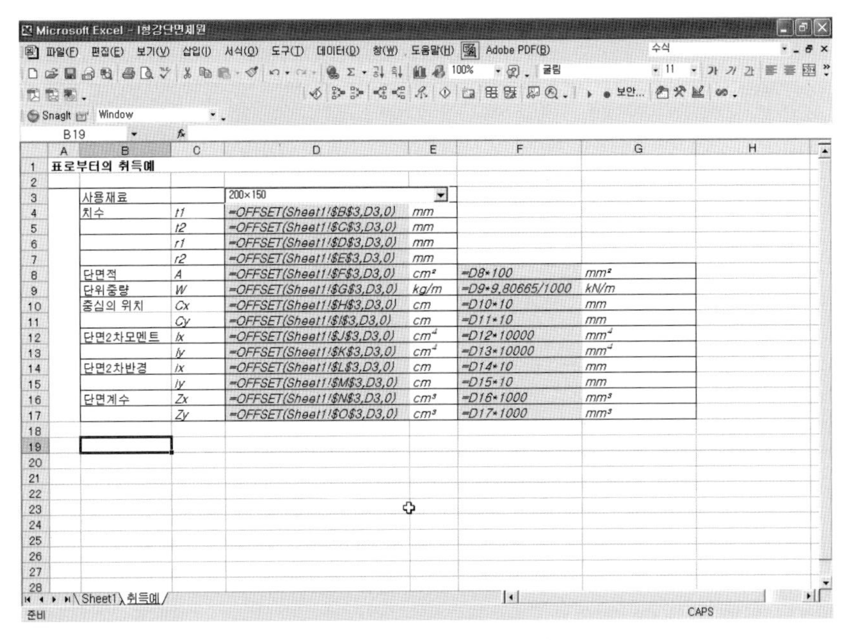

표로부터의 취득예

항목	기호	수식	단위	수식	단위
사용재료		200×150			
치수	t1	=OFFSET(Sheet1!$B$3,D3,0)	mm		
	t2	=OFFSET(Sheet1!$C$3,D3,0)	mm		
	r1	=OFFSET(Sheet1!$D$3,D3,0)	mm		
	r2	=OFFSET(Sheet1!$E$3,D3,0)	mm		
단면적	A	=OFFSET(Sheet1!$F$3,D3,0)	cm²	=D8*100	mm²
단위중량	W	=OFFSET(Sheet1!$G$3,D3,0)	kg/m	=D9*9.80665/1000	kN/m
중심의 위치	Cx	=OFFSET(Sheet1!$H$3,D3,0)	cm	=D10*10	mm
	Cy	=OFFSET(Sheet1!$I$3,D3,0)	cm	=D11*10	mm
단면2차모멘트	Ix	=OFFSET(Sheet1!$J$3,D3,0)	cm⁴	=D12*10000	mm⁴
	Iy	=OFFSET(Sheet1!$K$3,D3,0)	cm⁴	=D13*10000	mm⁴
단면2차반경	ix	=OFFSET(Sheet1!$L$3,D3,0)	cm	=D14*10	mm
	iy	=OFFSET(Sheet1!$M$3,D3,0)	cm	=D15*10	mm
단면계수	Zx	=OFFSET(Sheet1!$N$3,D3,0)	cm³	=D16*1000	mm³
	Zy	=OFFSET(Sheet1!$O$3,D3,0)	cm³	=D17*1000	mm³

그림 1.45 셀의 수식 (시트 2)

1.3.3 ㄷ형강

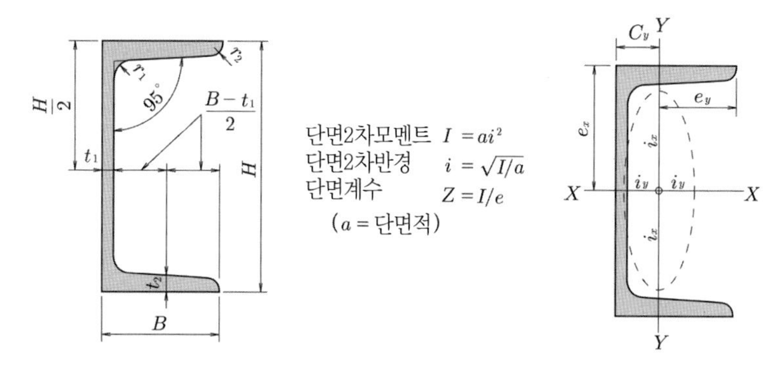

그림 1.46 구형강 단면도

표준단면치수 (mm)					단면적 (cm^2)	단위중량 (kg/m)	비고							
							중심의 위치 (cm)		단면2차모멘트 (cm^4)		단면2차반경 (cm)		단면계수 (cm^3)	
H×B	t_1	t_2	r_1	r_2			C_x	C_y	I_x	I_y	i_x	i_y	Z_x	Z_y
200×80	7.5	11	12	6	31.33	24.6	0	2.21	1950	168	7.88	2.32	195	29.1
200×90	8	13.5	14	7	38.65	30.3	0	2.74	2490	277	8.02	2.68	249	44.2
250×90	9	13	14	7	44.07	34.6	0	2.40	4180	294	9.74	2.58	334	44.5
250×90	11	14.5	17	8.5	51.17	40.2	0	2.40	4680	329	9.56	2.54	374	49.9
300×90	9	13	14	7	48.57	38.1	0	2.22	6440	309	11.5	2.52	429	45.7
300×90	10	15.5	19	9.5	55.74	43.8	0	2.34	7410	360	11.5	2.54	494	54.1
300×90	12	16	19	9.5	61.90	48.6	0	2.28	7870	379	11.3	2.48	525	56.4
380×100	10.5	16	18	9	69.39	54.5	0	2.41	14500	535	14.5	2.78	763	70.5
380×100	13	16.5	18	9	78.96	62.0	0	2.33	15600	565	14.1	2.67	823	73.6
380×100	13	20	24	12	85.71	67.3	0	2.54	17600	655	14.3	2.76	926	87.8

그림 1.47 제원표 (시트 1)

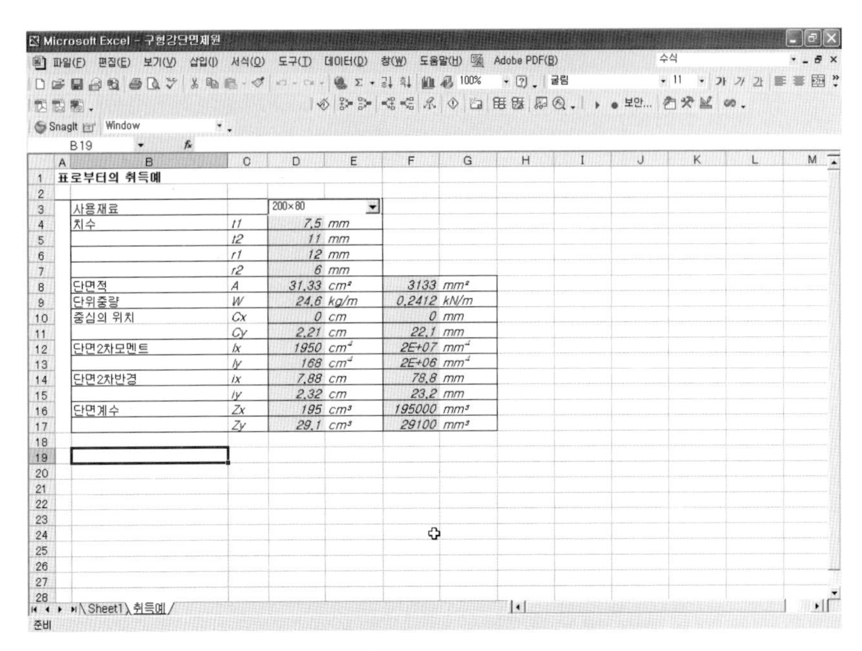

표로부터의 취득예

B	C	D	E	F	G
사용재료		200×80			
치수	t1	7.5	mm		
	t2	11	mm		
	r1	12	mm		
	r2	6	mm		
단면적	A	31.33	cm²	3133	mm²
단위중량	W	24.6	kg/m	0.2412	kN/m
중심의 위치	Cx	0	cm	0	mm
	Cy	2.21	cm	22.1	mm
단면2차모멘트	Ix	1950	cm⁴	2E+07	mm⁴
	Iy	168	cm⁴	2E+06	mm⁴
단면2차반경	ix	7.88	cm	78.8	mm
	iy	2.32	cm	23.2	mm
단면계수	Zx	195	cm³	195000	mm³
	Zy	29.1	cm³	29100	mm³

그림 1.48 표로부터의 취득예 (시트 2)

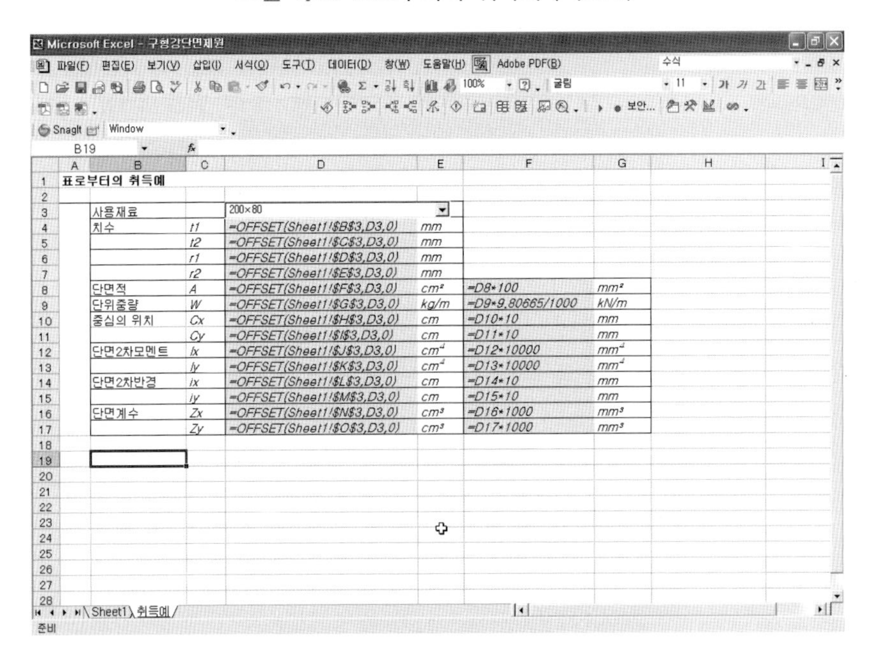

표로부터의 취득예

B	C	D	E	F	G
사용재료		200×80			
치수	t1	=OFFSET(Sheet1!$B$3,D3,0)	mm		
	t2	=OFFSET(Sheet1!$C$3,D3,0)	mm		
	r1	=OFFSET(Sheet1!$D$3,D3,0)	mm		
	r2	=OFFSET(Sheet1!$E$3,D3,0)	mm		
단면적	A	=OFFSET(Sheet1!$F$3,D3,0)	cm²	=D8*100	mm²
단위중량	W	=OFFSET(Sheet1!$G$3,D3,0)	kg/m	=D9*9.80665/1000	kN/m
중심의 위치	Cx	=OFFSET(Sheet1!$H$3,D3,0)	cm	=D10*10	mm
	Cy	=OFFSET(Sheet1!$I$3,D3,0)	cm	=D11*10	mm
단면2차모멘트	Ix	=OFFSET(Sheet1!$J$3,D3,0)	cm⁴	=D12*10000	mm⁴
	Iy	=OFFSET(Sheet1!$K$3,D3,0)	cm⁴	=D13*10000	mm⁴
단면2차반경	ix	=OFFSET(Sheet1!$L$3,D3,0)	cm	=D14*10	mm
	iy	=OFFSET(Sheet1!$M$3,D3,0)	cm	=D15*10	mm
단면계수	Zx	=OFFSET(Sheet1!$N$3,D3,0)	cm³	=D16*1000	mm³
	Zy	=OFFSET(Sheet1!$O$3,D3,0)	cm³	=D17*1000	mm³

그림 1.49 셀의 수식 (시트 2)

1.3.4 등변 L형강

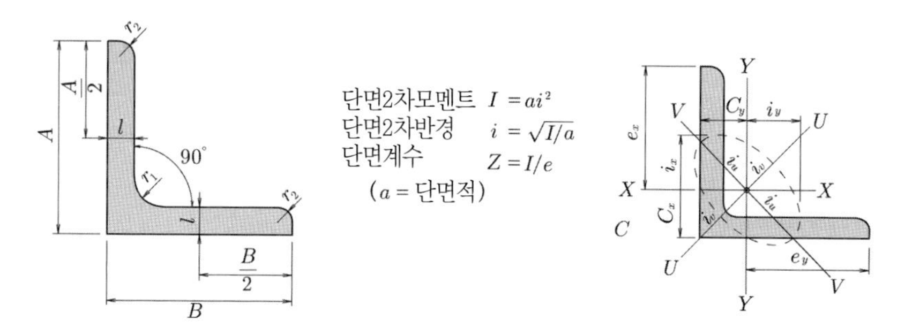

그림 1.50 등변 L형강 단면도

표준단면치수 (mm)				단면적 (cm²)	단위중량 (kg/m)	비고											
						중심의 위치 (cm)		단면2차모멘트 (cm⁴)				단면2차반경 (cm)				단면계수 (cm³)	
A×B	t	r_1	r_2			C_x	C_y	I_x	I_y	최대 I_u	최소 I_v	i_x	i_y	최대 i_u	최소 i_v	Z_x	Z_y
75×75	6	8,5	4	8,727	6,85	2,06	2,06	46,1	46,1	73,2	19,0	2,30	2,30	2,90	1,48	8,47	8,47
75×75	9	8,5	6	12,69	9,96	2,17	2,17	64,4	64,4	102	26,7	2,25	2,25	2,84	1,45	12,1	12,1
75×75	12	8,5	6	16,56	13,0	3,29	3,29	81,9	81,9	129	34,5	2,22	2,22	2,79	1,44	15,7	15,7
80×80	6	8,5	4	9,327	7,32	2,18	2,18	56,4	56,4	89,6	23,2	2,46	2,46	3,10	1,58	9,70	9,70
90×90	6	10	5	10,55	8,28	2,42	2,42	80,7	80,7	128	33,4	2,77	2,77	3,48	1,78	12,3	12,3
90×90	7	10	5	12,22	9,59	2,46	2,46	93,0	93,0	148	38,3	2,76	2,76	3,48	1,77	14,2	14,2
90×90	10	10	7	17,00	13,3	2,57	2,57	125	125	199	51,7	2,71	2,71	3,42	1,74	19,5	19,5
90×90	13	10	7	21,71	17,0	2,69	2,69	156	156	248	65,3	2,68	2,68	3,38	1,73	24,8	24,8
100×100	7	10	5	13,62	10,7	2,71	2,71	129	129	205	53,2	3,08	3,08	3,88	1,98	17,7	17,7
100×100	10	10	7	19,00	14,9	2,82	2,82	175	175	278	72,0	3,04	3,04	3,83	1,95	24,4	24,4
100×100	13	10	7	24,31	19,1	2,94	2,94	220	220	348	91,1	3,00	3,00	3,78	1,94	31,1	31,1
120×120	8	12	5	18,76	14,7	3,24	3,24	258	258	410	106	3,71	3,71	4,67	2,38	29,5	29,5
130×130	9	12	6	22,74	17,9	3,53	3,53	366	366	583	150	4,01	4,01	5,06	2,57	38,7	38,7
130×130	12	12	8,5	29,76	23,4	3,64	3,64	467	467	743	192	3,96	3,96	5,00	2,54	49,9	49,9
130×130	15	12	8,5	36,75	28,8	3,76	3,76	568	568	902	234	3,93	3,93	4,95	2,53	61,5	61,5
150×150	12	14	7	34,77	27,3	4,14	4,14	740	740	1180	304	4,61	4,61	5,82	2,96	68,1	68,1
150×150	15	14	10	42,74	33,6	4,24	4,24	888	888	1410	365	4,56	4,56	5,75	2,92	82,6	82,6
150×150	19	14	10	53,38	41,9	4,40	4,40	1090	1090	1730	451	4,52	4,52	5,69	2,91	103	103
175×175	12	15	11	40,52	31,8	4,73	4,73	1170	1170	1860	480	5,38	5,38	6,78	3,44	91,8	91,8
175×175	15	15	11	50,21	39,4	4,85	4,85	1440	1440	2290	589	5,35	5,35	6,75	3,42	114	114
200×200	15	17	12	57,75	45,3	5,46	5,46	2180	2180	3470	891	6,14	6,14	7,75	3,93	150	150
200×200	20	17	12	76,00	59,7	5,67	5,67	2820	2820	4490	1160	6,09	6,09	7,68	3,90	197	197
200×200	25	17	12	93,75	73,6	5,86	5,86	3420	3420	5420	1410	6,04	6,04	7,61	3,88	242	242
250×250	25	24	12	119,4	93,7	7,10	7,10	6950	6950	11000	2860	7,63	7,63	9,62	4,90	388	388
250×250	35	24	18	162,6	128	7,45	7,45	9110	9110	14000	3790	7,49	7,49	9,42	4,83	519	519

그림 1.51 제원표 (시트 1)

	A	B	C	D	E	F	G
1	표로부터의 취득예						
2							
3		사용재료		75×75			
4		치수	t1	6	mm		
5			r1	8.5	mm		
6			r2	4	mm		
7		단면적	A	8.727	cm^2	872.7	mm^2
8		단위중량	W	6.85	kg/m	0.0672	kN/m
9		중심의 위치	Cx	2.06	cm	20.6	mm
10			Cy	2.06	cm	20.6	mm
11		단면2차모멘트	Ix	46.1	cm^4	461000	mm^4
12			Iy	46.1	cm^4	461000	mm^4
13			Iu	73.2	cm^4	732000	mm^4
14			Iv	19.0	cm^4	190000	mm^4
15		단면2차반경	ix	2.3	cm	23	mm
16			iy	2.3	cm	23	mm
17			iu	2.9	cm	29	mm
18			iv	1.48	cm	14.8	mm
19		단면계수	Zx	8.47	cm^3	8470	mm^3
20			Zy	8.47	cm^3	8470	mm^3

그림 1.52 표로부터의 취득예 (시트 2)

	A	B	C	D	E	F	G
1	표로부터의 취득예						
2							
3		사용재료		75×75			
4		치수	t1	=OFFSET(Sheet1!$B$3,D3,0)	mm		
5			r1	=OFFSET(Sheet1!$C$3,D3,0)	mm		
6			r2	=OFFSET(Sheet1!$D$3,D3,0)	mm		
7		단면적	A	=OFFSET(Sheet1!$E$3,D3,0)	cm^2	=D7*100	mm^2
8		단위중량	W	=OFFSET(Sheet1!$F$3,D3,0)	kg/m	=D8*9.80665/1000	kN/m
9		중심의 위치	Cx	=OFFSET(Sheet1!$G$3,D3,0)	cm	=D9*10	mm
10			Cy	=OFFSET(Sheet1!$H$3,D3,0)	cm	=D10*10	mm
11		단면2차모멘트	Ix	=OFFSET(Sheet1!$I$3,D3,0)	cm^4	=D11*10000	mm^4
12			Iy	=OFFSET(Sheet1!$J$3,D3,0)	cm^4	=D12*10000	mm^4
13			Iu	=OFFSET(Sheet1!$K$3,D3,0)	cm^4	=D13*10000	mm^4
14			Iv	=OFFSET(Sheet1!$L$3,D3,0)	cm^4	=D14*10000	mm^4
15		단면2차반경	ix	=OFFSET(Sheet1!$M$3,D3,0)	cm	=D15*10	mm
16			iy	=OFFSET(Sheet1!$N$3,D3,0)	cm	=D16*10	mm
17			iu	=OFFSET(Sheet1!$O$3,D3,0)	cm	=D17*10	mm
18			iv	=OFFSET(Sheet1!$P$3,D3,0)	cm	=D18*10	mm
19		단면계수	Zx	=OFFSET(Sheet1!$Q$3,D3,0)	cm^3	=D19*1000	mm^3
20			Zy	=OFFSET(Sheet1!$R$3,D3,0)	cm^3	=D20*1000	mm^3

그림 1.53 셀의 수식 (시트 2)

1.3.5 부등변 L형강

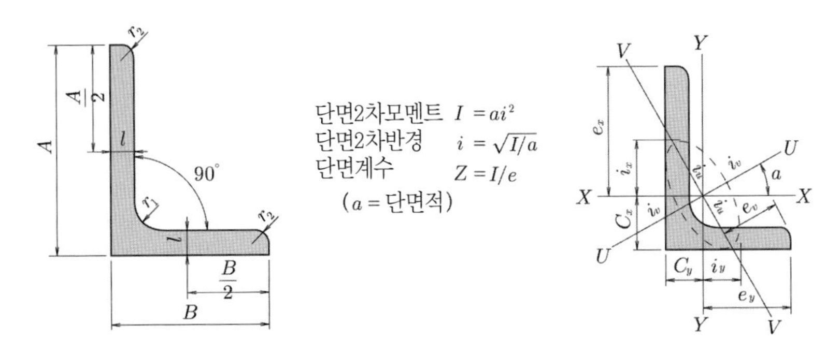

그림 1.54 부등변 L형강 단면도

표준단면치수 (mm)				단면적 (cm²)	단위중량 (kg/m)	비고												
						중심의 위치 (cm)		단면2차모멘트 (cm⁴)				단면2차반경 (cm)				tan α	단면계수 (cm³)	
A×B	t	r_1	r_2			C_x	C_y	I_x	I_y	최대 I_u	최소 I_v	i_x	i_y	최대 i_u	최소 i_v		Z_x	Z_y
90×75	9	8,5	6	14,04	11,0	2,75	2,00	109	68,1	143	34,1	2,78	2,20	3,19	1,56	0,676	17,4	12,4
100×75	7	10	5	11,87	9,32	3,06	1,83	118	56,9	144	30,8	3,15	2,19	3,49	1,61	0,548	17,0	10,0
100×75	10	10	7	16,50	13,0	3,17	1,94	159	76,1	194	41,3	3,11	2,15	3,43	1,58	0,543	23,3	13,7
125×75	7	10	5	13,62	10,7	4,10	1,64	219	60,4	243	36,4	4,01	2,11	4,23	1,64	0,362	26,1	10,3
125×75	10	10	7	19,00	14,9	4,22	1,75	299	80,8	330	49,0	3,96	2,06	4,17	1,61	0,357	36,1	14,1
125×75	13	10	7	24,31	19,1	4,35	1,87	376	101	415	61,9	3,93	2,04	4,13	1,60	0,352	46,1	17,9
125×90	10	10	7	20,50	16,1	3,95	2,22	318	138	380	76,2	3,94	2,59	4,30	1,93	0,505	37,2	20,3
125×90	13	10	7	26,26	20,6	4,07	2,34	401	173	477	96,3	3,91	2,57	4,26	1,91	0,501	47,5	25,9
150×90	9	12	6	20,94	16,4	4,95	1,99	485	133	537	80,4	4,81	2,52	5,06	1,96	0,361	48,2	19,0
150×90	12	12	8,5	27,36	21,5	5,07	2,10	619	167	685	102	4,76	2,47	5,00	1,93	0,357	62,3	24,3
150×100	9	12	6	21,84	17,1	4,76	2,30	502	181	579	104	4,79	2,88	5,15	2,18	0,439	49,1	23,5
150×100	12	12	8,5	28,56	22,4	4,88	2,41	642	228	738	132	4,74	2,83	5,09	2,15	0,435	63,4	30,1
150×100	15	12	8,5	32,25	27,7	5,00	2,53	782	276	897	161	4,71	2,80	5,04	2,14	0,431	78,2	37,0

그림 1.55 제원표 (시트 1)

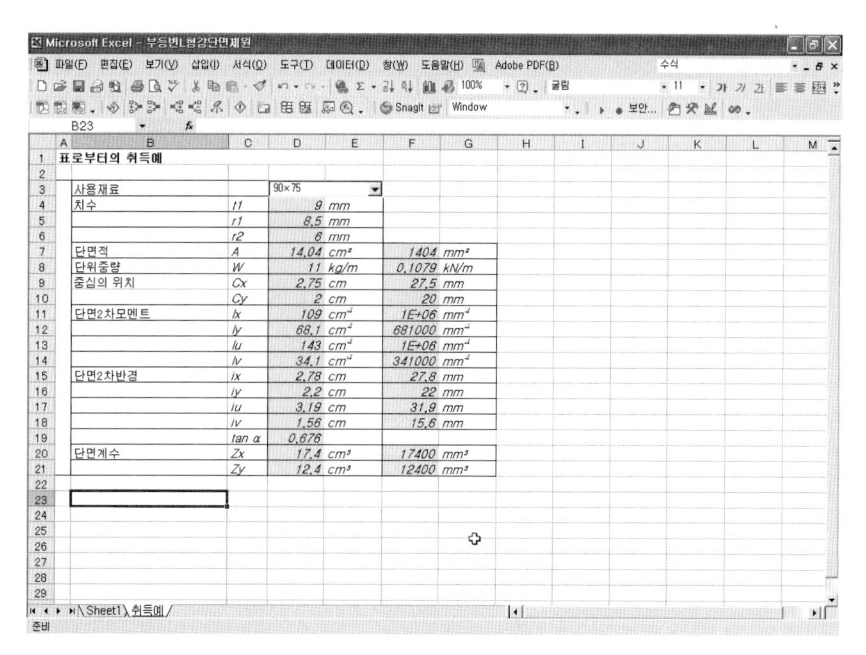

표로부터의 취득예

사용재료		90×75		
치수	t1	9 mm		
	r1	8.5 mm		
	r2	6 mm		
단면적	A	14.04 cm^2	1404	mm^2
단위중량	W	11 kg/m	0.1079	kN/m
중심의 위치	Cx	2.75 cm	27.5	mm
	Cy	2 cm	20	mm
단면2차모멘트	Ix	109 cm^4	1E+06	mm^4
	Iy	68.1 cm^4	681000	mm^4
	Iu	143 cm^4	1E+06	mm^4
	Iv	34.1 cm^4	341000	mm^4
단면2차반경	ix	2.78 cm	27.8	mm
	iy	2.2 cm	22	mm
	iu	3.19 cm	31.9	mm
	iv	1.56 cm	15.6	mm
	tan α	0.676		
단면계수	Zx	17.4 cm^3	17400	mm^3
	Zy	12.4 cm^3	12400	mm^3

그림 1.56 표로부터 취득예 (시트 2)

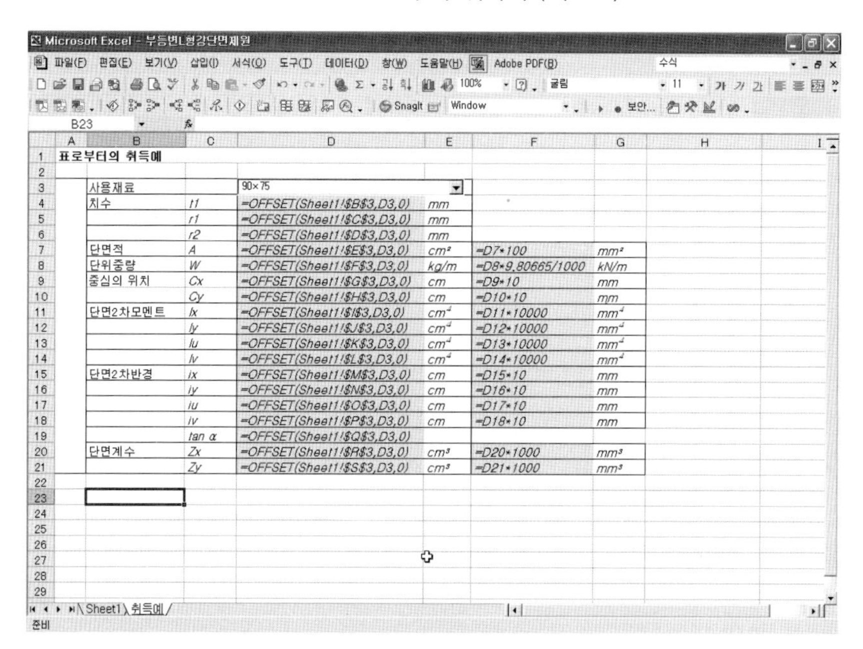

표로부터의 취득예

사용재료		90×75			
치수	t1	=OFFSET(Sheet1!$B$3,D3,0)	mm		
	r1	=OFFSET(Sheet1!$C$3,D3,0)	mm		
	r2	=OFFSET(Sheet1!$D$3,D3,0)	mm		
단면적	A	=OFFSET(Sheet1!$E$3,D3,0)	cm^2	=D7*100	mm^2
단위중량	W	=OFFSET(Sheet1!$F$3,D3,0)	kg/m	=D8*9.80665/1000	kN/m
중심의 위치	Cx	=OFFSET(Sheet1!$G$3,D3,0)	cm	=D9*10	mm
	Cy	=OFFSET(Sheet1!$H$3,D3,0)	cm	=D10*10	mm
단면2차모멘트	Ix	=OFFSET(Sheet1!$I$3,D3,0)	cm^4	=D11*10000	mm^4
	Iy	=OFFSET(Sheet1!$J$3,D3,0)	cm^4	=D12*10000	mm^4
	Iu	=OFFSET(Sheet1!$K$3,D3,0)	cm^4	=D13*10000	mm^4
	Iv	=OFFSET(Sheet1!$L$3,D3,0)	cm^4	=D14*10000	mm^4
단면2차반경	ix	=OFFSET(Sheet1!$M$3,D3,0)	cm	=D15*10	mm
	iy	=OFFSET(Sheet1!$N$3,D3,0)	cm	=D16*10	mm
	iu	=OFFSET(Sheet1!$O$3,D3,0)	cm	=D17*10	mm
	iv	=OFFSET(Sheet1!$P$3,D3,0)	cm	=D18*10	mm
	tan α	=OFFSET(Sheet1!$Q$3,D3,0)			
단면계수	Zx	=OFFSET(Sheet1!$R$3,D3,0)	cm^3	=D20*1000	mm^3
	Zy	=OFFSET(Sheet1!$S$3,D3,0)	cm^3	=D21*1000	mm^3

그림 1.57 셀의 수식 (시트 2)

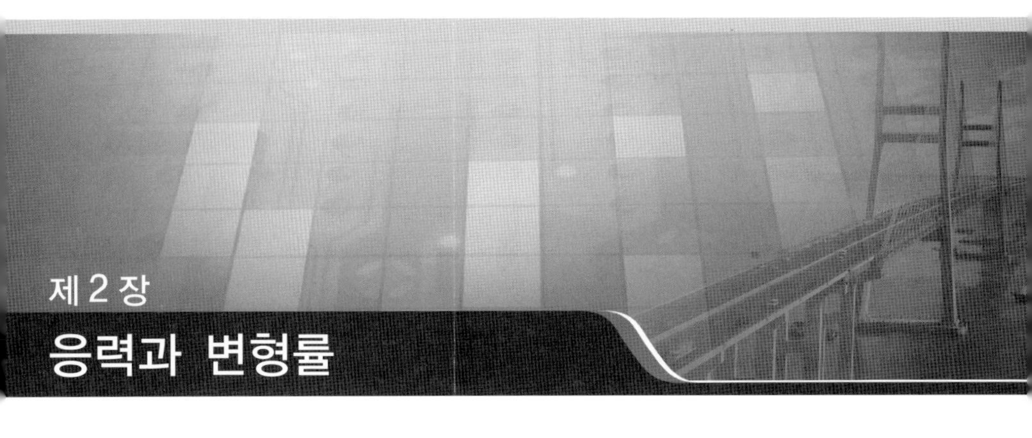

제 2 장 응력과 변형률

2.1 보· 기둥에 작용하는 응력

보 및 기중에 하중이 작용하면 지점에 반력이 발생한다. 이 하중과 반력은 평형상태로 정지하고, 이 때에 보 및 기둥의 내부에 하중 및 반력에 저항하는 힘이 작용하고 있다. 이 내부에 발생하는 저항력을 응력이라고 한다.

보에 발생하는 주요한 응력에는 축방향력, 전단력 및 휨모멘트가 있다. 기둥은 주로 축방향으로 하중을 받는다. 보가 주로 전단력 및 휨모멘트를 받는데 대해서 기중은 주로 압축력을 받는 부재이다. 기둥은 단주와 장주로 구분되는데 축방향으로 작용하는 하중을 증가시키면 최후에는 파괴한다(압좌). 단주의 경우는 압축파괴되고, 장주의 경우는 기둥이 크게 휨방향으로 틀리어 파괴한다(좌굴).

2.2 축방향에 의한 응력

그림 2.1은 등단면 강봉이 좌우에 축방향으로 하중 P를 받는 경우를 표시하고 있다. 하중작용의 결과, 이 강봉은 좌우에 신장, 강봉의 내부에는 단면력이 발생하고 있다. 이제, 좌단으로부터 x의 위치의 단면을 보면 원내의 그림과 같이 된다.

이것은 단면에 작용하는 단면력인데, 위치에 무관하고, 강봉전체에 동일한 크기 P이다. 이 미소요소에는 좌우에 인장하도록 $N=P$가 작용하고 있다.

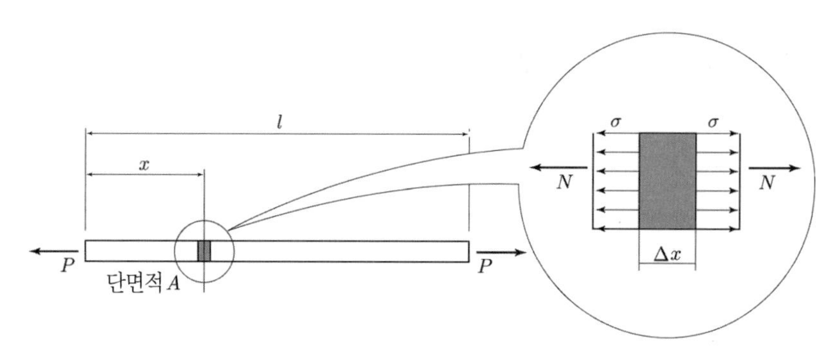

그림 2.1 축력을 받는 강봉

실제에는 정적으로 평형이 되기 위하여 수평방향의 총합으로부터

$$\Sigma H = P - N = 0$$
$$\therefore N = P \tag{2.1}$$

가 된다. 여기서 강봉의 단면적을 A라고 하면, 이 축방향 인장력의 단위면적당 크기는

$$\sigma = \frac{P}{A} \tag{2.2}$$

가 된다.

식 (2.2)에 나타내는 바와 같이 단위면적당 힘으로 표시한 것을 응력이라고 한다. 이 응력은 단면에 대하여 수직으로 작용하는 힘인데, 수직인장응력이라고 하고, 만약 P가 작용하는 방향이 역으로 되면, 수직압축응력이라고 한다.

이제, P가 작용한 결과로서 강봉이 길이 l로부터 l'로 변화할 때, 이 변화한 양을 식 (2.3)과 같이 길이에 대한 비로 표시하고, 이것을 변형률이라고 한다.

$$\varepsilon = \frac{l' - l}{l} \tag{2.3}$$

응력과 변형률의 관계는 식 (2.4)로 표시되고, 이것을 후크의 법칙이라고 한다.

$$\sigma = E\varepsilon \tag{2.4}$$

여기서

$$\sigma = \frac{P}{A}, \ \varepsilon = \frac{l' - l}{l} = \frac{\Delta l}{l}, \ \Delta l = l' - l \tag{2.5}$$

을 대입하면

$$P = \frac{EA}{l} \cdot \Delta l \tag{2.6}$$

가 된다.

식 (2.4)와 식 (2.5)는 동일한 것을 의미하고, 힘 σ, P에 의해 변형 ε, Δl가 발생함을 의미한다. 따라서 힘, 응력, 변형률 등은 재료에 따라 결정하는 정수 E와 구조치수에서 부여되는 A 및 l에 의해서 계산하는 것이 가능해진다.

■ 응력 – 변형률 곡선

단면적 A, 길이 l의 강봉을 힘 P_t을 점차 증가시켜 인장할 경우, 신장량 Δl을 구하고, 변형률 $\varepsilon=(\Delta l/l)$을 횡축으로 인장응력 $\sigma_t(=P_t/A)$을 종축으로 하여 그 관계를 표시하면 그림 2.2와 같이 된다. 이 곡선을 응력–변형률 곡선이라고 한다.

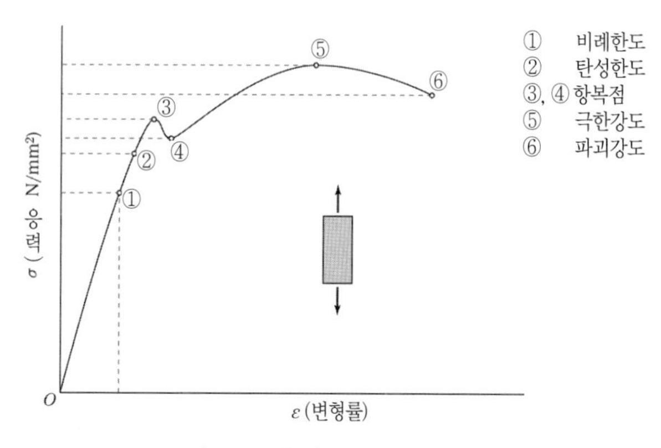

그림 2.2 응력과 변형률 (강봉)

강봉과와 달리 콘크리트 및 목재의 공시체 등에서는 압축력을 증가한 경우에 대한 응력변형률 곡선을 얻으며 그림 2.3과 같은 특성을 나타낸다.

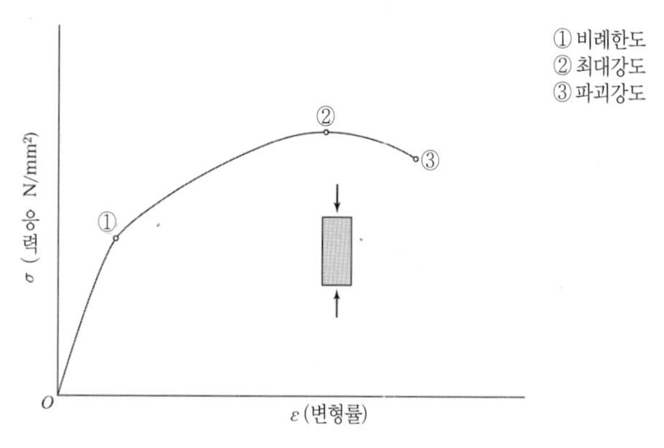

그림 2.3 응력과 변형률 (콘크리트 등)

■ 종변형률과 횡변형률의 관계

그림 2.4와 같이 부재의 축방향으로 인장력(또는 압축력)을 가하면 종방향으로 Δl 신장 (또는 압축), 횡방향으로는 Δb 압축(또는 신장)한다.

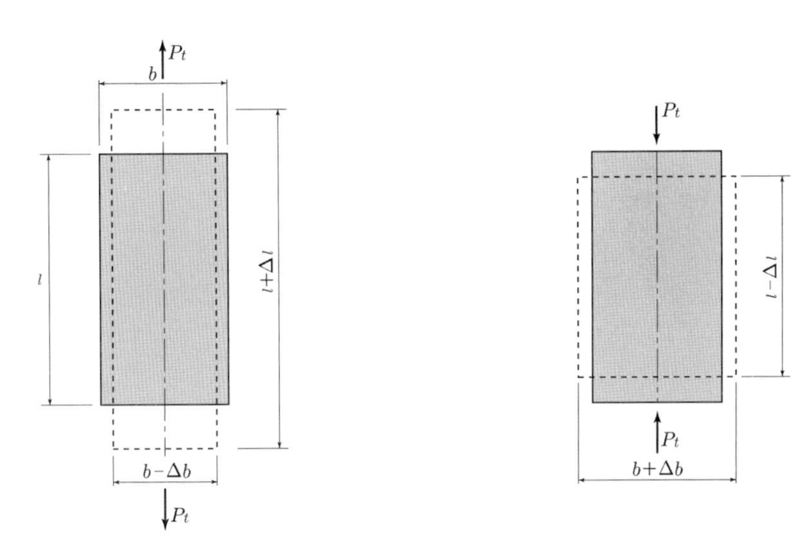

그림 2.4 종변형률과 횡변형률

앞에서도 서술한 바와 같이 종변형률은 $\Delta l/l$, 횡변형률은 $\Delta b/b$가 된다. 이 종변형률과 횡변형률의 비율은 변형률이 작을 경우, 즉 탄성한도내에서는 재료별로 일정하고, 그 비의 값 m을 포와송수라고 하고, $1/m$을 포와송비라고 한다. 포와송수 m은 일반적으로 금속재료의 경우는 대략 3~4, 콘크리트의 경우는 6~12의 범위이다.

$$\frac{\text{종변형률}}{\text{횡변형률}} = \frac{\Delta l/l}{\Delta b/b} = \frac{\Delta lb}{\Delta bl} = m \ (\text{일정}) \tag{2.7}$$

엑셀 예제 2-1

강봉의 길이 및 직경을 부여하여 그것을 P_t로 인장할 경우, 발생하는 응력, 변형률 및 신장을 엑셀로 계산하여 구한다.

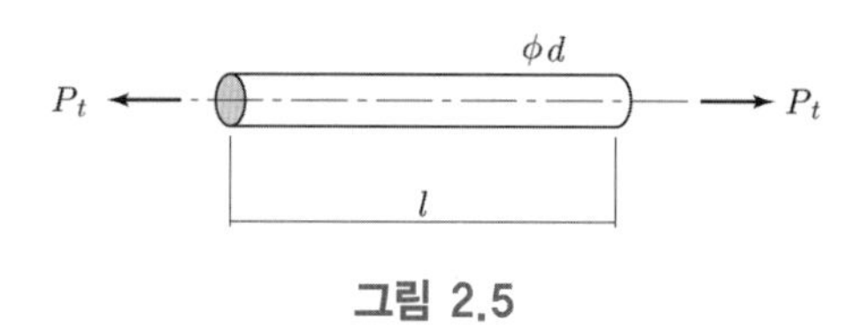

그림 2.5

$$\text{단면적 } A = \frac{\pi d^2}{4}$$

$$\text{인장응력 } \sigma_t = \frac{P_t}{A}$$

비례한도내에 있다면

$$\Delta l = \frac{P_t}{A} \cdot \frac{l}{E} \quad (\text{또는 } \Delta l = \frac{l}{\varepsilon})$$

가 된다.

여기서, E는 탄성계수 또는 Young율이라고 부른다.

이제, 직경 25mm, 길이 1m의 강봉을 50kN의 힘으로 인장할 경우에 대해서 조사한다. 단, 비례한도의 응력을 200N/mm^2, 탄성계수 E=2.0×10^{5}N/mm^{2}으로 한다.

계산의 결과를 그림 2.6에 엑셀시트를 나타내고, 계속해서 그 내용을 나타낸다.

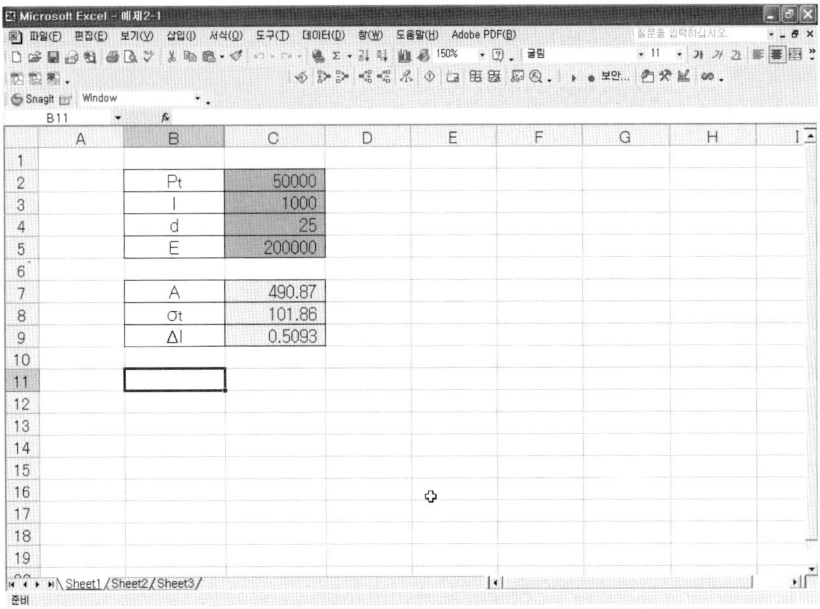

	A	B	C
2		Pt	50000
3		l	1000
4		d	25
5		E	200000
7		A	490.87
8		σt	101.86
9		Δl	0.5093

그림 2.6 엑셀 예제 2-1

엑셀 계산식(셀의 내용)

C7=3.141592*C4^2/4

C8=C2/C7

C9=(C2/C7)*(C3/C5)

2.3 전단력에 의한 응력

그림 2.7에 보이는 바와 같이 강봉을 가위와 같은 것으로 절단할 경우를 생각해 본다. 이와 같이 부재를 절단하는 힘을 전단력이라고 하고, 미소요소를 고려할 경우 그 전단력 S의 작용에 의해 원내의 그림과 같은 체적 변화를 하지 않는 평행사변형으로 변형한다.

그래서, 이 때의 전단면의 면적을 A로 하면, 이 면에 평행으로 작용하는 단위 면적당 힘은

$$\tau = \frac{S}{A} \qquad (2.8)$$

가 된다. 이것을 전단응력이라고 한다.

이 응력으로부터 장방형의 요소가 평행사변형으로 변형하고, 이 때의 변형량은 매우 작은 값이어서 이것을 무차원량의 각도 φ로 표시하고, 전단변형률이라고 한다.

$$\varphi = \frac{\Delta y}{\Delta x}$$

τ와 φ의 사이에도 비례한도의 범위에서 후크의 법칙이 성립하여

$$\tau = G\varphi \qquad (2.9)$$

가 된다.

여기서, 비례정수 G는 전단탄성계수라고 한다.

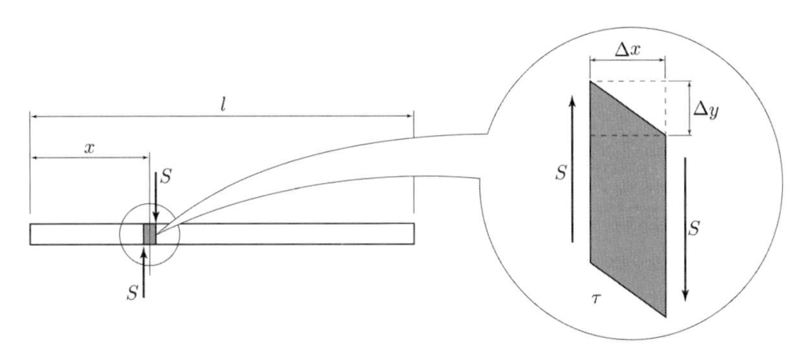

그림 2.7 전단응력

전단면에는 보를 수직으로 전단하려고 하는 힘에 의한 수직전단응력 τ와 수평으로 전단할려고 하는 힘에 의한 수평전단응력 τ'가 존재한다. τ와 τ'는 $x-y$면에 직각인 z축에서의 평형을 고려하면

$$\sum M_z = -\tau'(dx \times 1)dy + \tau(dy \times 1)dx = 0$$

가 된다. 따라서,

$$\tau = \tau'$$

가 되고, 수직전단응력과 수평전단응력은 동일한 크기가 된다.

그림 2.8에 보이는 바와 같이 등분포하중이 작용하는 경우에 대해서 생각해 보자. 지금 지점 A로부터 거리 x의 위치에 있어서 전단력을 S, 휨모멘트를 M이라고 하자. 다음에 지점 A로부터 $x+dx$의 위치에 있는 휨모멘트 M'는 전단력도와 휨모멘트의 관계로부터 M에 dx간의 전단력도의 면적 Sdx를 더한 것이기 때문에 $M' = M + dM = M + Sdx$로 구할 수 있다.

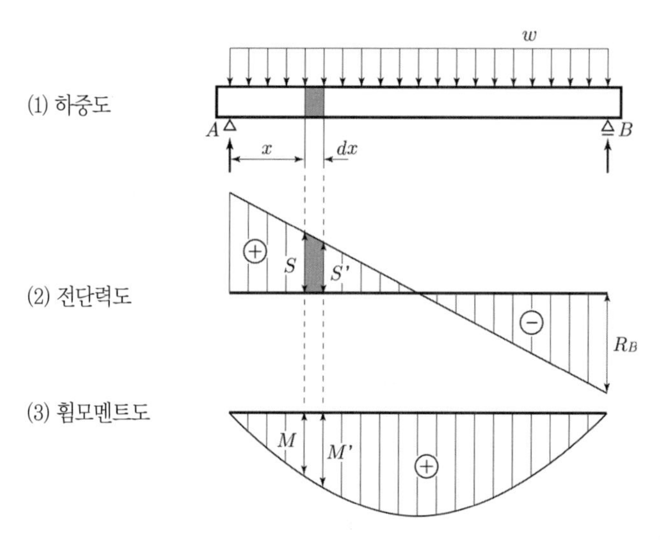

그림 2.8 하중도, 전단력도 및 휨모멘트도

다음에 그림 2.9에 보이는 바와 같은 사각형단면에 있어서 중립축 $n-n$으로부터 y위치의 전단응력 $\tau'(=\tau)$를 구한다.

dx부분의 양측의 휨응력에 의한 수평력 T와 T'의 차 $(T'-T)$가 y위치의 수평전단응력 τ'에 의한 수평력과 같아야 하므로, $\Sigma H=0$에서 다음과 같이 된다.

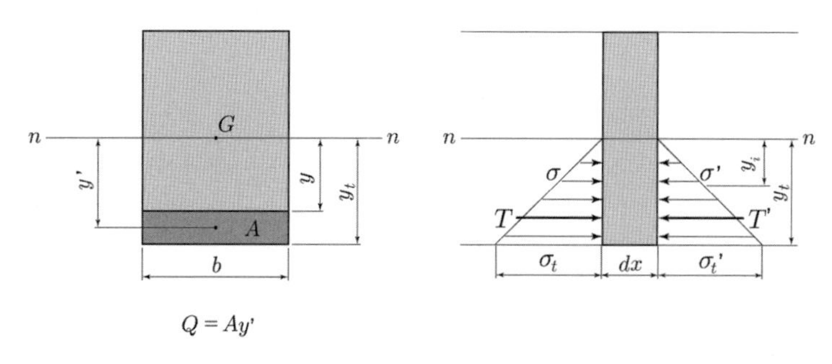

그림 2.9 전단력이 발생하는 단면과 미소부

$$\tau' = \tau = \frac{T' - T}{dxb}$$

$$T = \sum_{y_i = y}^{y_t} (a_i \sigma) = \sum_{y_i = y}^{y_t} \left(a_i \frac{M}{I} \cdot y_i \right) = \frac{M}{I} \sum_{y_i = y}^{y_t} (a_i y_i)$$

$$T' = \sum_{y_i = y}^{y_t} (a_i \sigma') = \sum_{y_i = y}^{y_t} \left(a_i \frac{M + Sdx}{I} y_i \right) = \frac{M + Sdx}{I} \sum_{y_i = y}^{y_t} (a_i y_i) \qquad (2.10)$$

$$T' - T = \frac{M + Sdx}{I} \sum_{y_i = y}^{y_t} (a_i y_i) - \frac{M}{I} \sum_{y_i = y}^{y_t} (a_i y_i) = \frac{Sdx}{I} Q$$

여기서, $\sum_{y_i = y}^{y_t} (a_i y_i) = Q$는 그림 2.9의 음영 부분의 중립축 $n - n$에 관한 단면 1차모멘트이고, I는 중립축에 관한 부재단면의 단면2차모멘트이다.

계속해서 $T' - T$의 값을 식 (2.10)에 대입하면 전단응력 τ가 구해지고,

$$\tau = \tau' = \frac{T' - T}{dxb} = \frac{Sdx\,Q}{I} \cdot \frac{I}{dxb} \qquad (2.11)$$

가 된다. 결국, 식 (2.12)로부터 전단응력은

$$\tau = \tau' = \frac{SQ}{Ib} \qquad (2.12)$$

가 되어 전단력과 전단응력의 관계를 나타내는 식이 구해진다.

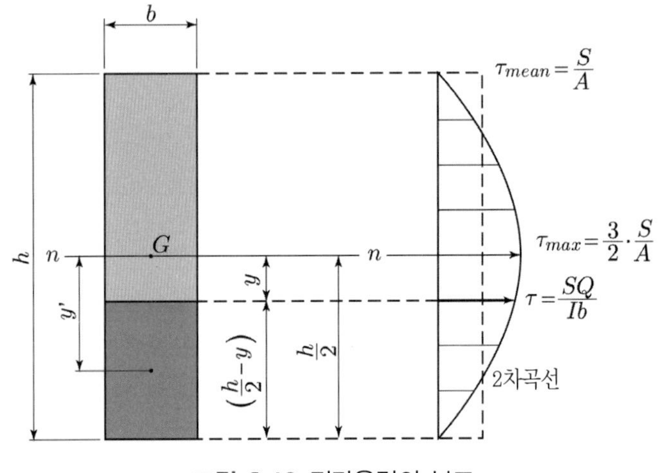

그림 2.10 전단응력의 분포

■ 전단응력의 분포

그림 2.10에서 보이는 바와 같은 폭 b, 높이 h인 사각형단면의 전단응력 분포도를 구한다.

중립축 $n-n$에 관한 단면 2차모멘트 I_n은

$$I_n = \frac{bh^3}{12} \tag{2.13}$$

중립축에 관한 A' 분단면의 1차모멘트 Q'는

$$Q' = Ay' = b \times \frac{h-2y}{2} \times \left(\frac{h-2y}{4} + y\right) = \frac{b}{8}(h^2 - 4y^2) \tag{2.14}$$

가 된다. 또한, 식 (2.12)에 단면2차모멘트 I와 단면1차모멘트 Q'를 대입하면

$$\tau = \frac{SQ'}{I_n b} = \frac{Sb(h^2 - 4y^2)/8}{(bh^3/12)b} = \frac{3S}{2} \cdot \frac{h^2 - 4y^2}{bh^3} \tag{2.15}$$

가 된다. 실은 전단응력 τ는 y에 대해서 2차곡선이 된다. 또한, $y = h/2$의 경우, 즉, 단면의 상연 및 하연에서는 τ=0이 된다. y=0의 경우, 즉 중립축에 있어서 전단응력은 최대가 되고, $\tau = 3S/2bh = 3S/2A$가 된다. 평균전단응력은 $\tau_{mean} = S/A$로서 구할 수 있다.

엑셀 예제 2-2

그림 2.11에 보이는 바와 같은 I형 단면에 S의 전단력이 작용할 경우 최대 전단응력 $\tau_{\max}$, 평균전단응력 τ_{mean}, 플랜지와 복부판의 접합부에서의 전단응력 τ_1, τ_2를 구한다.

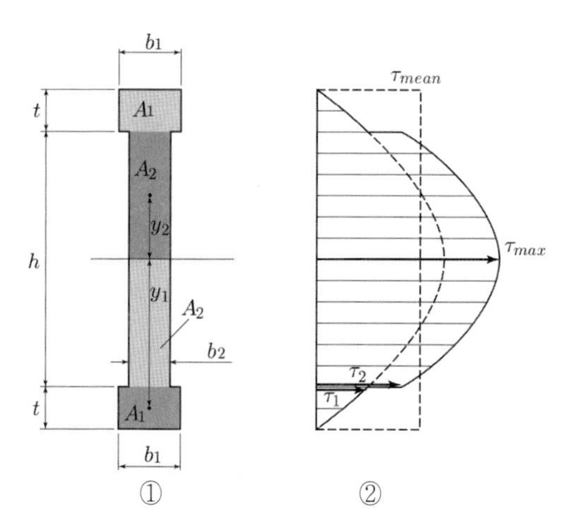

그림 2.11 I형 단면의 전단응력

중립축에 관한 단면2차모멘트 I는 $b = b_1 - b_2$라고 하면

$$I = \frac{b_1(h+2t)^3}{12} - \frac{bh^3}{12}$$

가 된다. A_1, A_2의 단면1차모멘트 Q_1, Q_2는

$$Q_1 = A_1 y_1$$

$$Q_2 = A_2 y_2$$

가 되고, 최대전단응력은 $Q = A_1 y_1 + A_2 y_2$ 로서

$$\tau_{\max} = \frac{SQ}{Ib}$$

가 된다. 접합부의 플랜지측의 전단응력 τ_1 및 접합부의 복부판측의 전단응력 τ_2 는

$$\tau_1 = \frac{SQ_1}{Ib_1}$$

$$\tau_1 = \frac{SQ_1}{Ib_2}$$

평균전단응력 τ_{mean} 은

$$\tau_{mean} = \frac{S}{A}$$

가 된다.

이제, h=15.0cm, t=2.0cm, b_1=4.0cm, b_2=3.0cm의 I형단면에 S=30kN의 전단력이 작용할 경우에 대해서 엑셀에서 계산한다.

그림 2.12에 엑셀시트를 나타내고, 계속해서 그 셀의 내용을 나타낸다.

	A	B	C	D	E
1					
2		b1	4.00		
3		b2	3.00		
4		h	15.00		
5		t	2.00		
6		S	30.00		
7					
8		I	2005.08	Q_1	84.38
9		A_1	22.50	Q_2	128.00
10		A_2	8.00	Q	212.38
11		y_1	3.75	τ_{max}	3.18
12		y_2	16.00	τ_1	0.32
13				τ_2	0.64
14				τ_{mean}	0.49

그림 2.12 엑셀 예제 2-2

엑셀 계산식(셀의 내용)

C8=C2*(C4+C5+C5)^3/12-(C2-C3)*(C4)^3/12
C9=C4/2*C3
C10=C5*C2
C11=C4/4
C12=C4+C5/2
E8=C9*C11
E9=C10*C12
E10=E8+E9
E11=C6*E10/(C8*(C2-C3))
E12=C6*E8/(C8*C2)
E13=C6*E9/(C8*C3)
E14=C6/((C9+C10)*2)

2.4 휨모멘트에 의한 응력

보에는 휨모멘트와 전단력이 발생하고 그림 2.13에 보이는 바와 같이 정(+)의 휨모멘트의 경우에는 보의 상측이 압축되고 하측이 인장된다.

이 때, 신장도 압축도 없는 면이 존재하고, 그들을 연결한 선을 보의 중립축이라고 한다. 보 전체는 휨이 발생하여 아래가 볼록하게 변형한다.

도중의 임의점에서 미소요소를 보면 AD간이 압축 BC간이 신장한다.

절단면 AB와 DC는 직선적으로 변화한다고 가정하고, 양자를 연장한 교점을 0이라고 하자. 그래서 0점으로부터의 중립축까지의 거리를 ρ라고 하자.

이때 부재의 변형이 큰 만큼 ρ는 작아지고, 변형이 작은 만큼 ρ는 커진다. ρ는 이와 같이 그 지점에서 보의 변형의 합을 나타낸 양으로서 곡률반경이라고 하고, 그 역순을 곡률이라고 한다.

후크의 법칙을 적용하면 수직응력은

$$\sigma_y = \frac{E}{\rho} y \tag{2.16}$$

가 된다. 여기서 E는 탄성계수이다.

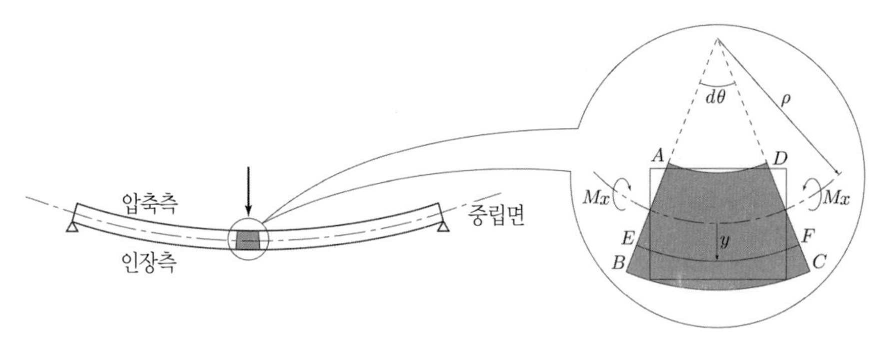

그림 2.13 휨모멘트를 받는 보

좀 더 구체적으로 보면 그림 2.13과 같이 보에 하중이 작용할 경우, 보가 휨모멘트에 의한 작용으로 아래에 볼록한 변형이 생길 경우, 미소구간 dx의 변형을 생각하면 상측은 압축력에 의해 수축, 하측은 인장력에 의해 신장한다. 변형전에 평면이었던 보의 단면은 변형이 미소하다고 가정하면 휨모멘트의 작용을 받은 후에도 평면을 유지한다고 생각할 수 있고, 그 구간의 변형은 직선적이고, 상측과 하측의 중간에 압축응력 및 인장응력의 작용을 받지 않는 면이 존재한다. 이 면을 중립면 $(N-N)$이라고 하고, 보의 단면과 중립면의 교선을 중립축 $(n-n)$이라고 한다. 그리고, 부재단면에서는 변형(변형률)에 비례한 응력이 발생한다.

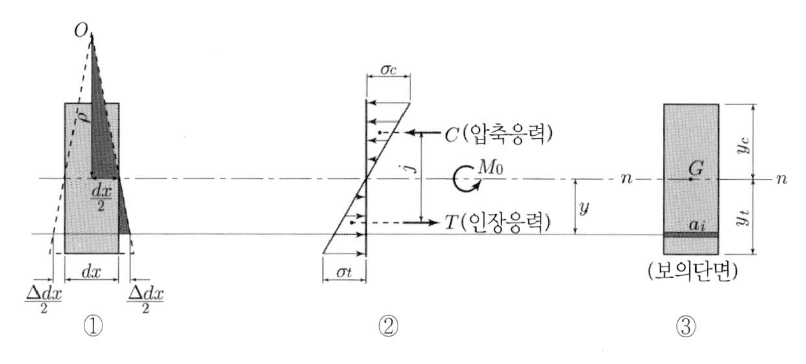

그림 2.14 보단면의 휨응력

그림 2.13에 나타내는 단순보는 전술한 바와 같이 휨모멘트 M에 의해 미소구간 dx가 곡선반경 ρ로 아래로 볼록하게 변형한다.

그림 2.14(2)에 있어서 중립축 $n-n$으로부터 y의 위치에서의 단면의 응력을 σ라고 하고, 그림 중 (3)에서 미소면적 a_i에 응력 σ가 발생한다고 하자. $a_i\sigma$는 미소면적 a_i에 작용한 힘이다. 이 힘은 중립축 $n-n$에 관하여 $\Delta M_i = -(a_i\sigma)y$으로 반시계방향의 모멘트를 유발한다. 이 모멘트를 전단면적에 걸쳐 합계하면

$$M_0 = \Sigma\Delta M_i = \Sigma(-a_i\sigma y) \tag{2.17}$$

가 된다.

이 응력에 의한 모멘트 M_0는 외력에 의한 휨모멘트 M의 작용에 응하여 발생한 우력 모멘트이므로 M_0는 M과 항상 평형하여 $M+M_0=0$가 된다. 따라서,

$$M=-M_0=\Sigma a_i \sigma y \tag{2.18}$$

그림 중 (1)에 보이는 색칠한 2개의 삼각형은 상이하기 때문에 $\Delta dx/dx = y/\rho$의 관계가 성립하여 후크의 법칙으로부터

$$\sigma = E\epsilon = E\frac{\Delta dx}{dx} = E\frac{y}{\rho} \tag{2.19}$$

가 된다.

식 (2.19)를 (2.18)에 대입하여 $\Sigma a_i y^2 = I$(중립축에 관한 단면2차모멘트)이므로

$$M = \Sigma a_i \sigma y = \frac{E}{\rho}\Sigma a_i y^2 = \frac{EI}{\rho} \tag{2.20}$$

가 된다.

식 (2.19)로부터 $\rho = Ey/\sigma$이기 때문에 위 식에 대입하면

$$M = \frac{EI}{\rho} = \frac{EI}{Ey/\sigma} \tag{2.21}$$

가 되고, 중립축으로부터 y위치의 휨응력을 구하는 식으로

$$\sigma = \frac{M}{I}y \tag{2.22}$$

가 구해진다.

그림 2.14 (2)에 나타내는 바와 같이 보의 상연에서는 최대의 압축응력 σ_c, 하연에서는 최대인장응력 σ_t가 발생한다. 이 상하연의 응력을 연단응력이라고 하고, 통상적으로 휨모멘트에 의해 발생하는 휨응력은 연단응력을 가리킨다.

연단응력 σ_c, σ_t는 단면계수 Z를 사용하여 표시하면

$$
\begin{cases} \sigma_c = -\dfrac{M}{I} y_c = -\dfrac{M}{Z_c} \\ \sigma_t = \dfrac{M}{I} y_t = \dfrac{M}{Z_t} \end{cases} \tag{2.23}
$$

가 된다.

상하대상단면의 경우, $Z = Z_c = Z_t$ 이기 때문에

$$
\sigma = -\sigma_c = \sigma_t = \frac{M}{Z} \tag{2.24}
$$

가 된다.

엑셀 예제 2-3

그림 2.15와 같이 단면적 A 의 단면에 M kN·cm의 휨모멘트가 작용할 경우 각 단면의 h 및 b를 조금씩 변화시켜 발생하는 응력의 변화를 조사한다.

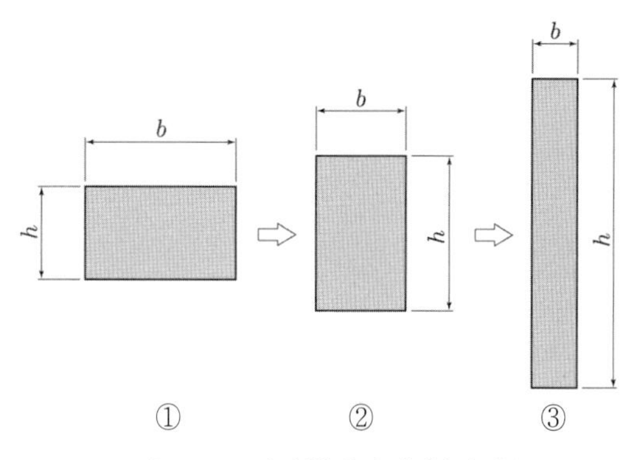

그림 2.15 사각형단면의 형상치수

이제, A =120cm^{2}로서 사각형단면의 h를 2.0cm로부터 2.0cm씩 증가시켜 12.0cm까지 변화시킨 경우에 대해서의 단면계수를 구하여 연단응력을 엑셀에서 계산한다.

결과는 그림 2.16에 나타낸 바와 같이 h와 연단응력의 관계를 그래프에 표시하였다. 또한 그 때의 셀의 내용을 계속해서 나타낸다.

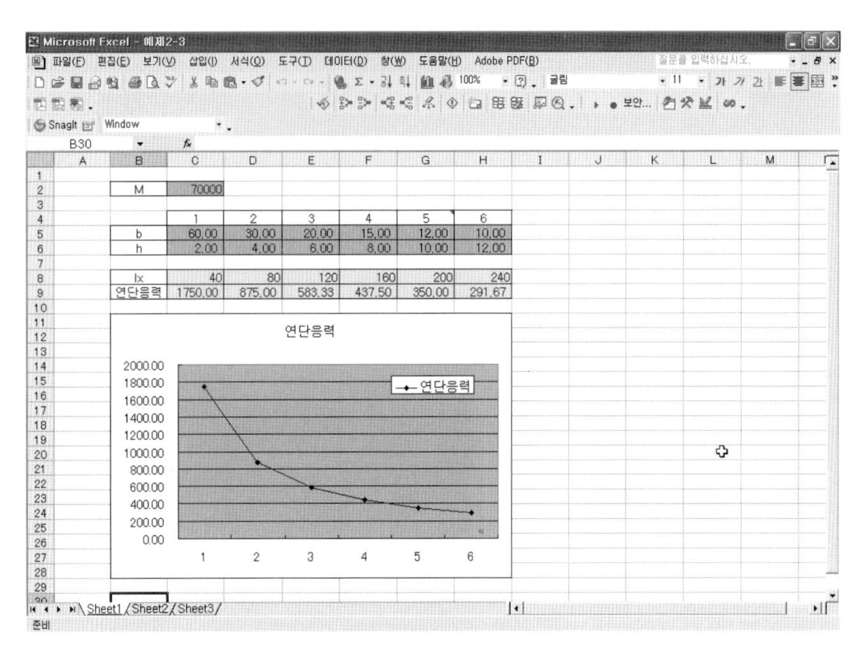

그림 2.16 엑셀 예제 2-3

엑셀 계산식(셀의 내용)

C6=(C5*C6^3/12)/(C6/2)
D6=(D5*D6^3/12)/(D6/2)
E6=(E5*E6^3/12)/(E6/2)
F6=(F5*F6^3/12)/(F6/2)
G6=(G5*G6^3/12)/(G6/2)
H6=(H5*H6^3/12)/(H6/2)
C7=$C$2/C8
D7=$C$2/D8
E7=$C$2/E8
F7=$C$2/F8
G7=$C$2/G8
H7=$C$2/H8

엑셀 예제 2-4

구체적인 예로서 그림 2.17에 나타내는 I형 단면에 휨모멘트 M kN·cm가 작용할 경우의 연단응력을 구한다.

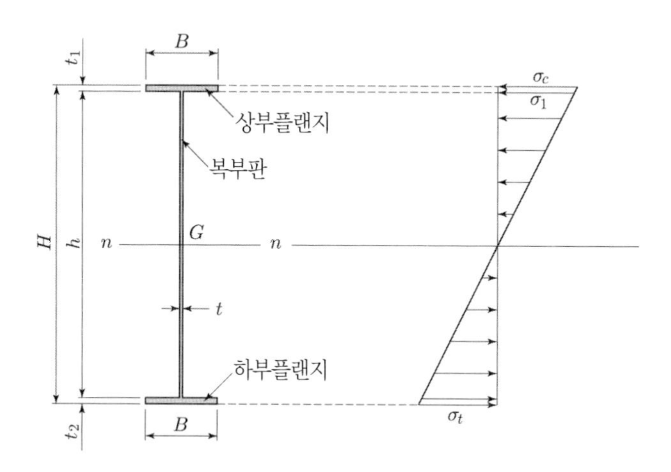

그림 2.17 I형단면의 휨응력

단면계수 Z는 $b = B - t$로 하면

$$Z = \frac{I_n}{y} = \frac{BH^3/12 - bh^3/6}{H/2} = \frac{BH^3 - bh^3}{6H}$$

가 되어, 연단응력 σ는

$$\sigma = \sigma_c = \sigma_t = \frac{M}{Z}$$

가 된다.

이제, B=20cm, H=100cm, t=2.0cm, $t_1=t_2$=2.0cm, M=3000 N·cm로 한 경우에 대해서 그림 2.18에 엑셀시트를 표시하고, 계속해서 그 셀의 내용을 표시한다.

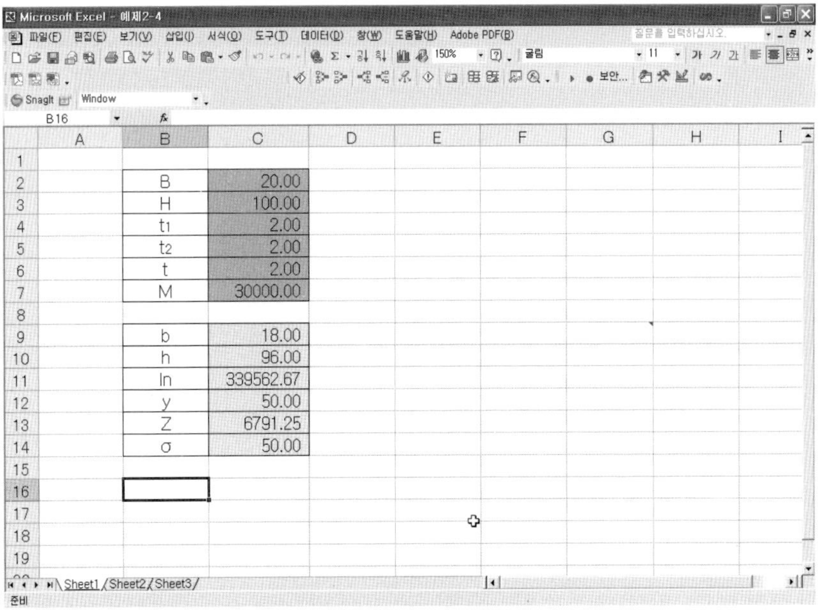

	A	B	C
1			
2		B	20.00
3		H	100.00
4		t1	2.00
5		t2	2.00
6		t	2.00
7		M	30000.00
8			
9		b	18.00
10		h	96.00
11		In	339562.67
12		y	50.00
13		Z	6791.25
14		σ	50.00

그림 2.18 엑셀 예제 2-4

엑셀 계산식(셀의 내용)

C7=C2-C4
C8=C3-C5*2
C9=C2*C3^3/12-C7*C8^3/12
C10=C3/2
C11=C9/C10

2.5 단주

2.5.1 도심에 축방향 압축력이 작용하는 단주

단면의 도심에 작용할 경우의 압축응력은

$$\sigma_c = -\frac{P}{A} \tag{2.25}$$

가 된다.

엑셀 예제 2-5

그림 2.19에 나타내는 바와 같은 직경 d, 콘크리트 압축시험용 공시체에 P kN의 압축력을 가할 경우, 압축응력 σ_c를 구한다.

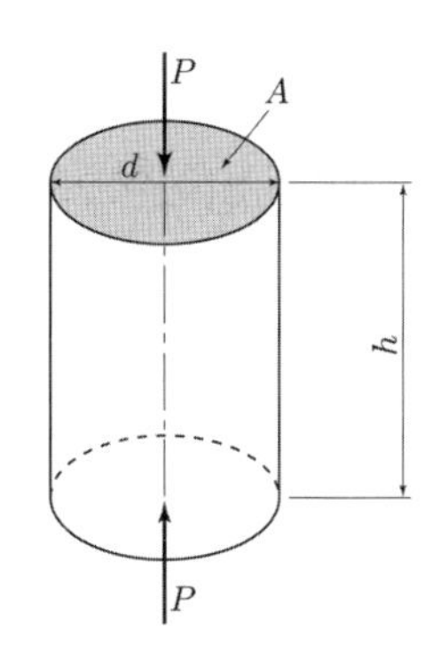

그림 2.19 콘크리트 공시체

단면적 A는

$$A = \frac{\pi d^2}{4}$$

가 되고, 압축응력은

$$\sigma_c = -\frac{P}{A}$$

가 된다.

이제 d=15.0cm, h=30.0cm, P=200.0 kN로서 압축응력을 엑셀에서 구한다. 그 때의 엑셀시트를 그림 2.20에 나타내고, 셀의 내용을 계속해서 나타낸다.

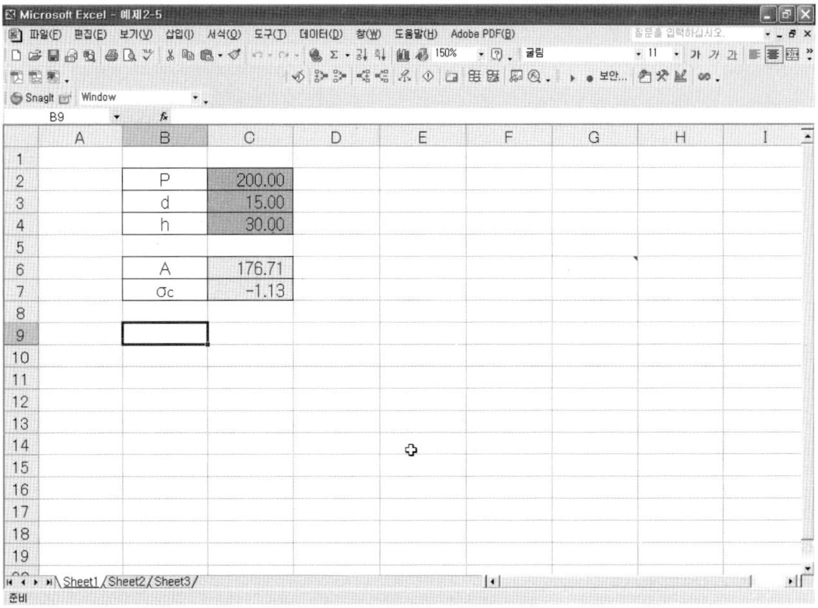

	B	C
2	P	200.00
3	d	15.00
4	h	30.00
6	A	176.71
7	σc	-1.13

그림 2.20 엑셀 예제 2-5

엑셀 계산식(셀의 내용)

```
C6=3.141592*C3^2/4
C7=-C2/C6
```

2.5.2 편심하중이 작용하는 단주

(1) 단면의 도심축상에 편심하중이 작용하는 단주

그림 2.21의 (1)에 나타내는 바와 같이 단면의 도심으로부터 떨어져 작용하는 하중을 편심하중이라고 한다. 그 때의 도심으로부터 편심하중 P의 위치까지의 거리를 편심거리라고 한다.

그림 중 (1)과 같이 도심 G로부터 x축상에 편심거리 e만큼 떨어진 위치(E점)에 편심하중 P가 작용하면 기둥은 (4)와 같이 변형한다.

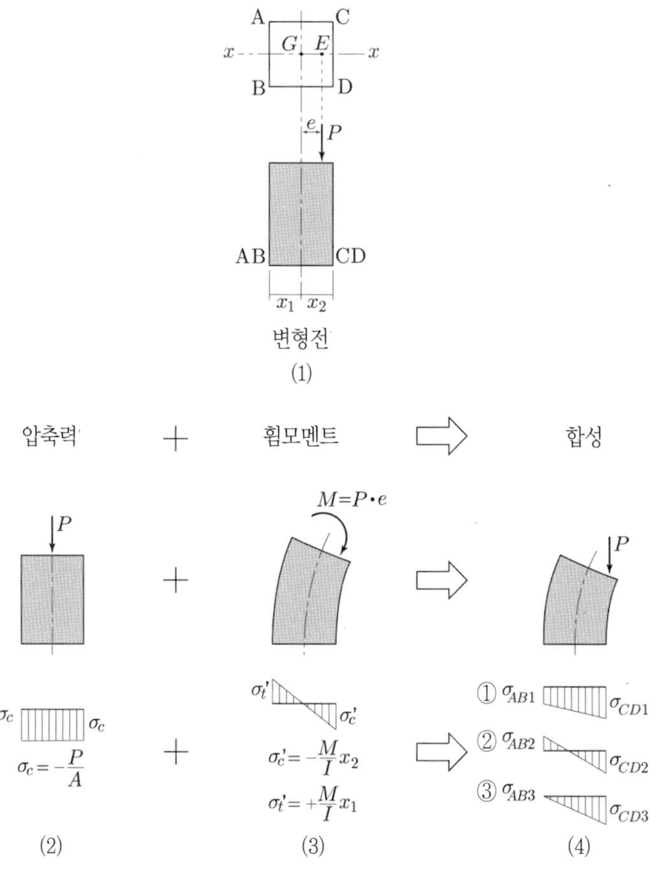

그림 2.21 편심하중과 응력분포

이 편심하중에 의한 변형은 (1)의 도심 G에 압축력 P가 작용하는 경우와 (2)의 휨모멘트 M이 작용하는 경우를 합성한 것과 동일하다.

압축력 P만으로 발생하는 (1)의 경우 응력은 $\sigma_c = -P/A$으로 구해지고, 휨모멘트만으로 발생하는 (2)의 경우 응력은 $\sigma = \pm M/Z$으로 구해진다. 따라서, 변형후의 응력은 양자의 합성응력이 된다. 따라서, 이 합성응력은 이전의 1.2.4의 핵점의 경우의 (2), (3), (4)와 동일하게 편심거리 e에 의해 그림 중 (4)의 ①, ②, ③과 같이 된다.

즉, 기둥의 AB단, CD단에 발생하는 응력 σ_{AB}, σ_{CD}는

$$\begin{aligned} \sigma_{AB} &= -\frac{P}{A} + \frac{M}{I}x_1 \\ \sigma_{CD} &= -\frac{P}{A} - \frac{M}{I}x_2 \end{aligned} \tag{2.26}$$

가 된다. 여기서 A는 단면적을 표시하고, x_1, x_2는 그림 2.21의 (1)에 표시하는 값이다.

엑셀 예제 2-6

그림 2.22에 나타낸 단면의 단주의 도심 G로부터 x축상에 편심거리 e의 E점에 P kN의 하중이 작용할 경우, AB연단, CD연단에 발생하는 응력 σ_{AB}, σ_{CD}을 구한다.

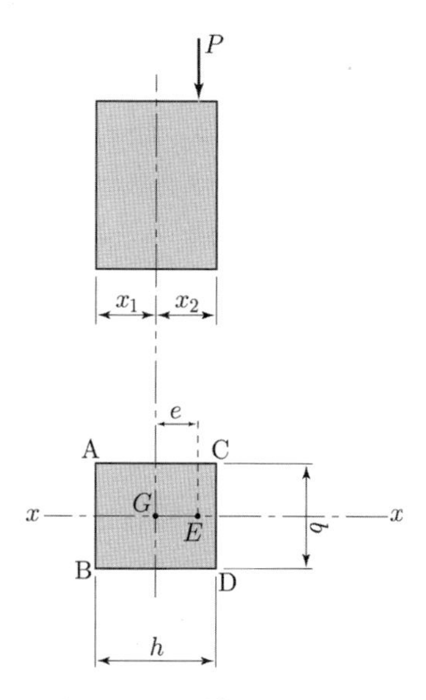

그림 2.22 도심축상의 편심하중

단면적 A, 단면2차모멘트 I, 휨모멘트 M은

$$A = h \times b$$

$$I = \frac{bh^3}{12}$$

$$M = Pe$$

가 되고, AB연단, CD연단에 발생하는 응력 σ_{AB}, σ_{CD}는 식 (2.26)으로부터 구할 수 있다.

이제 b=30.0cm, h=40.0cm의 단주에 대하여 P=300.0 kN이 작용할 경우, e를 0.0cm부터 1.0cm로 점차 증가시켜 변화시킬 경우의 σ_{AB}, σ_{CD}를 구하여 e와 σ의 관계를 그래프화한다.

그림 2.23에 그 때의 엑셀시트를 나타내고, 계속해서 셀의 내용을 나타낸다.

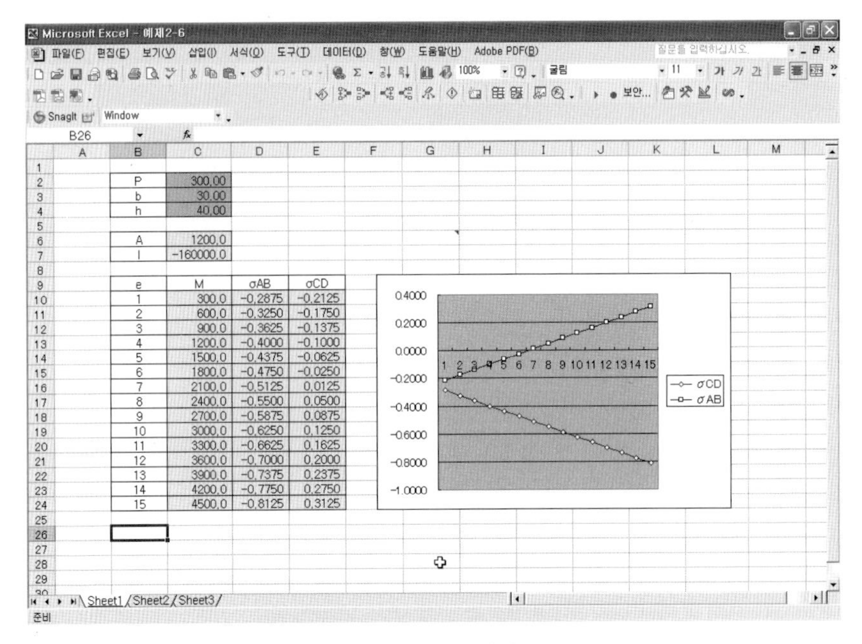

P	300.00
b	30.00
h	40.00

A	1200.0
I	-160000.0

e	M	σAB	σCD
1	300.0	-0.2875	-0.2125
2	600.0	-0.3250	-0.1750
3	900.0	-0.3625	-0.1375
4	1200.0	-0.4000	-0.1000
5	1500.0	-0.4375	-0.0625
6	1800.0	-0.4750	-0.0250
7	2100.0	-0.5125	0.0125
8	2400.0	-0.5500	0.0500
9	2700.0	-0.5875	0.0875
10	3000.0	-0.6250	0.1250
11	3300.0	-0.6625	0.1625
12	3600.0	-0.7000	0.2000
13	3900.0	-0.7375	0.2375
14	4200.0	-0.7750	0.2750
15	4500.0	-0.8125	0.3125

그림 2.23 엑셀 예제 2-6

엑셀 계산식(셀의 내용)

C6=C3*C4
C7=-C3*C4^3/12

C10=C2*B10
D10=-(C2/C6)+(C10/C7)*(C4/2)
E10=-(C2/C6)-(C10/C7)*(C4/2)
C11=C2*B10
D11=-(C2/C6)+(C11/C7)*(C4/2)
E11=-(C2/C6)-(C11/C7)*(C4/2)
C12=C2*B10
D12=-(C2/C6)+(C12/C7)*(C4/2)
E12=-(C2/C6)-(C12/C7)*(C4/2)
⋮

(2) 도심축외에 편심하중이 작용하는 단주

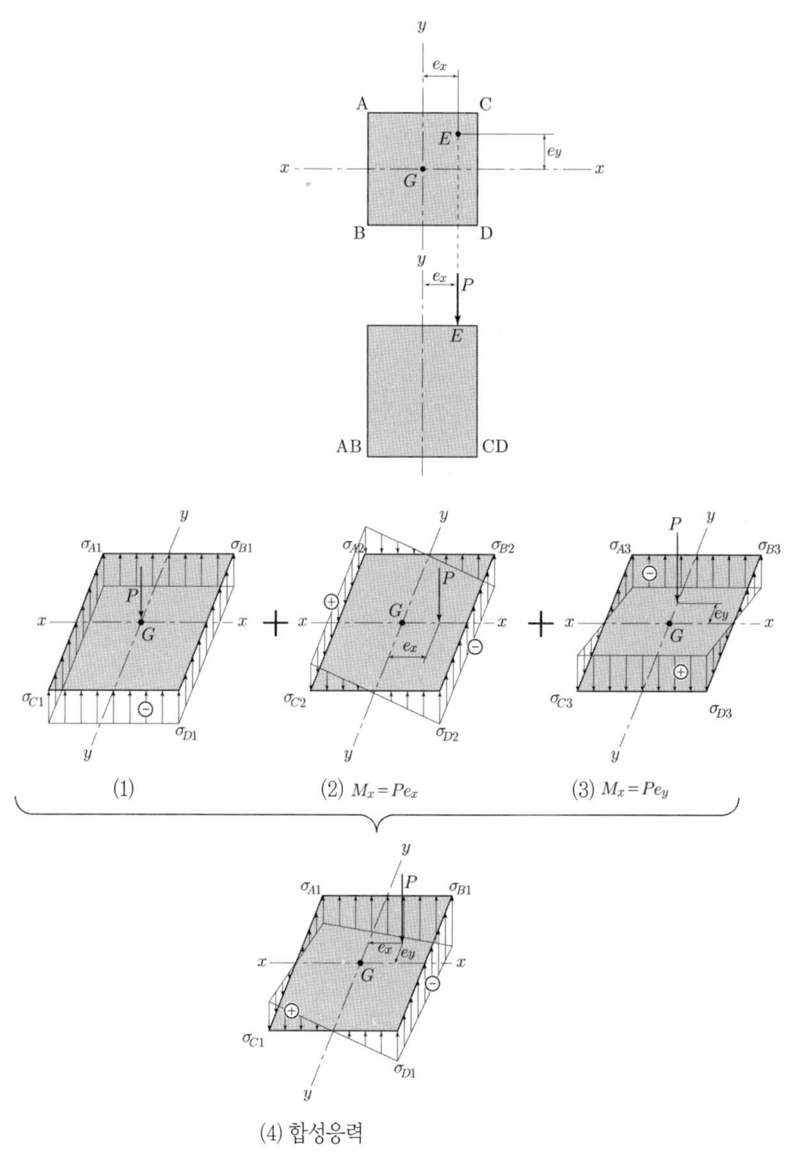

그림 2.24 도심축외의 편심하중과 응력

그림 2.24에 나타낸 바와 같이 하중 P가 편심축으로부터 벗어난 위치에 작용하는 경우의 응력은 이하와 같이 된다.

그림 중 (1)의 경우

$$\sigma_c = -\frac{P}{A} \qquad \text{(전단면압축응력)}$$

그림 중 (2)의 경우

M_x에 의한 휨응력 $\sigma_{AB} = \frac{M_x}{Z_{AB}}$ (AB연단 인장응력)

$$\sigma_{CD} = -\frac{M_x}{Z_{CD}} \qquad \text{(}CD\text{연단 압축응력)}$$

그림 중 (3)의 경우

M_y에 의한 휨응력 $\sigma_{AD} = -\frac{M_x}{Z_{AD}}$ (AD연단 인장응력)

$$\sigma_{BC} = \frac{M_y}{Z_{BC}} \qquad \text{(}BC\text{연단 압축응력)}$$

그림 중 (4)의 경우

$$\begin{aligned}
\sigma_A &= \sigma_c + \sigma_{AB} + \sigma_{AD} = -\frac{P}{A} + \frac{M_x}{Z_{AB}} - \frac{M_y}{Z_{AD}} \\
\sigma_B &= \sigma_c + \sigma_{AB} + \sigma_{BC} = -\frac{P}{A} + \frac{M_x}{Z_{AB}} + \frac{M_y}{Z_{BC}} \\
\sigma_C &= \sigma_c + \sigma_{CD} + \sigma_{BC} = -\frac{P}{A} - \frac{M_x}{Z_{CD}} + \frac{M_y}{Z_{BC}} \\
\sigma_D &= \sigma_c + \sigma_{CD} + \sigma_{AD} = -\frac{P}{A} - \frac{M_x}{Z_{CD}} - \frac{M_y}{Z_{AD}}
\end{aligned} \qquad (2.27)$$

여기서, Z_{AD}, Z_{BC}는 x축에 관한 AB연단, BC연단의 단면계수, Z_{AB}, Z_{CD}는 y축에 관한 AB연단, CD연단의 단면계수이다.

엑셀 예제 2-7

그림 2.25에 나타내는 바와 같이 x축으로부터 $e_x$cm, y축으로부터 $e_y$cm 편심된 E점에 압축력 P kN이 작용하는 경우 A점, B점, C점, D점의 각점에 있어서의 응력을 구한다.

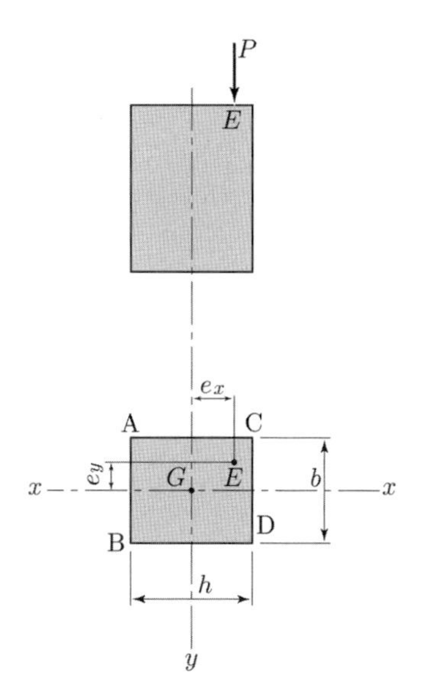

그림 2.25 도심축외의 편심하중

$$단면적\ A = h \times b$$

x축상의 편심휨모멘트 M_x, y축상의 편심휨모멘트 M_y는 각각

$$M_x = Pe_x$$

$$M_y = Pe_y$$

가 된다. 또한 각 연단의 단면계수는

$$Z_{AD} = Z_{BC} = \frac{hb^2}{6}$$

$$Z_{AB} = Z_{CD} = \frac{bh^2}{6}$$

이고, 전단면압축응력 σ_c는

$$\sigma_c = -\frac{P}{A}$$

가 된다. M_x에 의한 휨응력, M_y에 의한 휨응력은

$$\sigma_{AB} = \frac{M_x}{Z_{AB}}$$

$$\sigma_{CD} = -\sigma_{AB}$$

$$\sigma_{AD} = -\frac{M_y}{Z_{AD}}$$

$$\sigma_{BC} = -\sigma_{AD}$$

가 된다. 따라서, 식 (2.26)으로부터

$$\sigma_A = \sigma_c + \sigma_{AB} + \sigma_{AD}$$

$$\sigma_B = \sigma_c + \sigma_{AB} + \sigma_{BC}$$

$$\sigma_C = \sigma_c + \sigma_{CD} + \sigma_{BC}$$

$$\sigma_D = \sigma_c + \sigma_{CD} + \sigma_{AD}$$

이제, h=40.0cm, b=30.0cm의 단주에 P=200.0kN이 e_x=15.0cm, e_y=10.0cm의 위치에 작용하는 경우에 대해서 엑셀에서 계산한다. 그림 2.26에는 엑셀시트를 나타내고, 계속해서 그 경우의 셀의 내용을 나타낸다.

Microsoft Excel - 예제2-7

파일(F) 편집(E) 보기(V) 삽입(I) 서식(O) 도구(T) 데이터(D) 창(W) 도움말(H) Adobe PDF(B)

질문을 입력하십시오.

150% 굴림 11 가 가 가

보안...

SnagIt Window

B14

	A	B	C	D	E	F	G	H	I
1									
2		P	200.00						
3		h	40.00						
4		b	30.00						
5		ex	15.00						
6		ey	10.00						
7									
8		A	1200.0	σ_C	-0.167	σ_A	-0.125		
9		Mx	3000.0	σ_{AB}	0.375	σ_B	0.542		
10		My	2000.0	σ_{CD}	-0.375	σ_C	-0.208		
11		Z_{AD}, Z_{BC}	6000.0	σ_{AD}	-0.333	σ_D	-0.875		
12		Z_{AB}, Z_{CD}	8000.0	σ_{BC}	0.333				
13									
14									
15									
16									
17									
18									
19									

Sheet1 / Sheet2 / Sheet3 /

준비

그림 2.26 엑셀 예제 2-7

엑셀 계산식(셀의 내용)

C8=C3*C4
C9=C2*C5
C10=C2*C6
C11=C3*C4^2/6
C12=C4*C3^2/6
E8=-C2/C8
E9=C10/C12
E10=-E9
E11=-C10/C11
E12=-E11
G8=E8+E9+E11
G9=E8+E9+E12
G10=E8+E10+E12
G11=E8+E10+E11

2.6 장주

세장한 부재에 압축이 가해지면 휘어져 부러지게 된다. 이와 같은 현상을 좌굴이라고 한다. 좌줄에 의해 파괴하는 기둥을 장주라고 한다. 그리고, 좌굴할 때의 하중을 좌굴하중이라고 한다.

그림 2.27과 같이 기둥의 지지방법에 따라서 실제의 기둥의 길이 l과 기둥의 이론상의 길이 l_r이 다르고, 장주의 설계계산을 수행할 경우는 이 환산장 l_r을 사용한다.

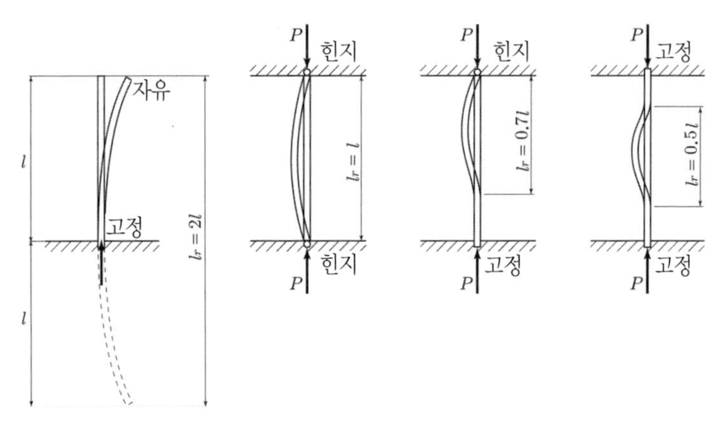

그림 2.27 지지방법과 환산장

장주의 설계공식은 이론식으로서는 오일러의 공식이 자주 사용되고, 실험식으로는 테트마이어 공식이 사용된다. 또한 시방서에 의한 실험공식도 있다.

2.6.1 오일러 공식

오일러 공식은 세장비 $l_r/r > 100$의 경우에 적용한다.

$$P_{cr} = \frac{n\pi^2 EI}{l^2}$$

$$\text{또는} \quad P_{cr} = \frac{n\pi^2 EI}{l_r^2} \tag{2.28}$$

여기서,

l : 기둥의 길이

l_r : 환산장

E : 탄성계수

I : 단면2차모멘트

n : 기둥의 지지방법에 의해 정하는 계수

r : 최소단면2차반경

2.6.2 테트마이어 공식

일반적으로 오일러 공식을 적용할 수 없는 $l_r/r < 100$의 경우에 적용한다.

$$\sigma_{cr} = a - b\left(\frac{l_r}{r}\right) \tag{2.29}$$

여기서, σ_{cr} : 좌굴응력

a, b : 기둥의 재료에 따라 정하는 실험상수

2.6.3 시방서에서 이용되는 공식

표 2.1에는 (사)일본도로협회의 『도로교시방서·동해설』로부터 장주를 설계하는 경우의 자료를 표시한다.

표는 양단힌지 Ll기둥의 경우를 기준으로 하고 있는데, 장주를 설계할 경우는 지지방법에 따라서 환산장을 고려할 필요가 있다.

표 2.1 국부좌굴을 고려하지 않을 경우 허용축방향압축응력 (단위 N/mm^2)

강종	강재의 판두께 (mm)	국부좌굴을 고려하지 않은 허용축방향압축응력 ($N/mm^2(kgf/cm^2)$)
SS400 SM400 SMA400W	40 이하	$140 : \frac{l}{r} \leq 18$ $140-0.82\left(\frac{l}{r}-18\right) : 18 < \frac{l}{r} \leq 92$ $\frac{1200000}{6300+\left(\frac{l}{r}\right)^2} : 92 < \frac{l}{r}$
	40 초과 100 이하	$125 : \frac{l}{r} \leq 19$ $125-0.68\left(\frac{l}{r}-19\right) : 19 < \frac{l}{r} \leq 96$ $\frac{1200000}{7300+\left(\frac{l}{r}\right)^2} : 96 < \frac{l}{r}$
SM490	40 이하	$185 : \frac{l}{r} \leq 16$ $185-1.2\left(\frac{l}{r}-16\right) : 16 < \frac{l}{r} \leq 79$ $\frac{1200000}{5000+\left(\frac{l}{r}\right)^2} : 79 < \frac{l}{r}$
	40 초과 100 이하	$175 : \frac{l}{r} \leq 16$ $175-1.1\left(\frac{l}{r}-16\right) : 16 < \frac{l}{r} \leq 82$ $\frac{1200000}{5300+\left(\frac{l}{r}\right)^2} : 82 < \frac{l}{r}$

l : 압축플랜지의 고정점간 거리 (cm), r : 단면2차반경 (cm)
『도로교시방서·동해설』, (사)일본도로협회.

제 3 장
단순보

3.1 지점의 구조와 특성

단순보는 그림 3.1의 (1)에서 나타낸 바와 같은 1개의 가동지점과 (2)에 나타낸 1개의 회전지점에 의해 지지되는 정정보이며, 보에서 가장 기본적인 것이다.

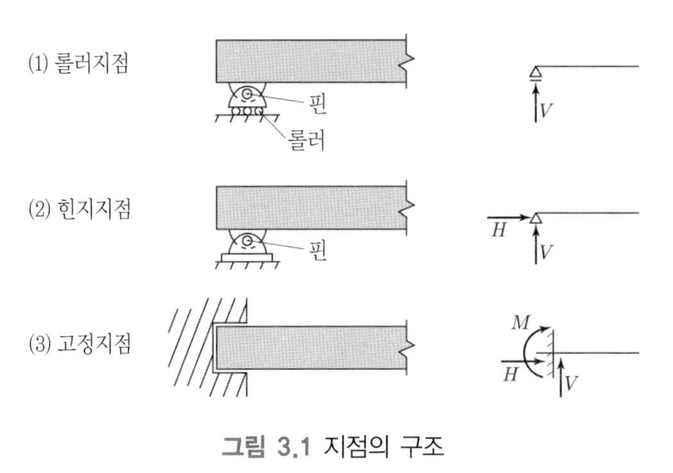

그림 3.1 지점의 구조

지점에는 3종류의 구조가 있고, 롤러지점, 힌지지점 이외에 그림 3.1의 (3)에 보이는 바와 같은 고정지점이 있다. 힌지지점은 힌지의 회전에 마찰없이 자유로이 회전가능하도록 되어 있지만, 지지점에 고정되어 있어서 수평방향의 이동은 할 수 없는 구조로 되어 있다. 롤러지점은 힌지지점의 하측에 롤러가 설치되어 있어 수평방향의 이동이 가능한 구조로 되어 있다. 교량이 온도변화 등에 의해 신축하는 경우에 양단을 힌지지점으로 하고 있으면 교량의 신축으로 교량에 무리한 힘이 발생한다. 이것을 방지하기 위해서 1개의 지점은 롤러지점으로 한다. 고정지점은 강체 안에 보의 단부가 매립되어 있어서 회전도 할 수 없는 구조로 되어 있다. 편지지보의 지점은 한쪽만으로 지지할 수 있도록 수평이동뿐만 아니라 회전해서도 안되기 때문에 고정지점이다.

롤러지점은 상하방향의 이동에 대해서, 힌지지점은 수평 및 수직방향의 이동에 대해서, 고정지점은 수평, 수직 및 회전 운동에 대해서 구속력을 갖는다. 이들의 작용반력을 모아서 표 3.1에 표시한다.

표 3.1 지점의 특성

지점	수직반력	수평반력
(1) 롤러지점	유	무
(2) 힌지지점	유	유
(3) 고정지점	유	유

3.2 집중하중 1개가 작용하는 경우

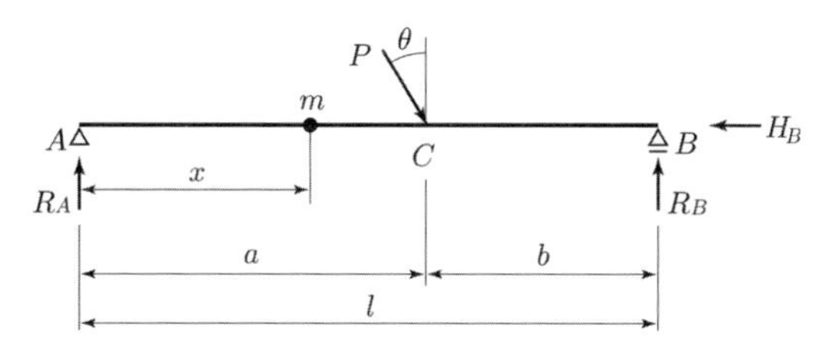

그림 3.2 집중하중이 작용하는 단순보

힘의 평형식은 수평, 연직, 회전의 3방향으로 모든 힘이 정적으로 평형하고 있다는 것을 식으로 표시하는 것이 좋다.

수평방향으로 모든 수평방향력의 총합이 0이 되므로

$$\Sigma H = H_B - P\sin\theta = 0 \tag{3.1}$$

연직방향으로 모든 연직방향력의 총화가 0이 되므로

$$\Sigma V = R_A + R_B - P\cos\theta = 0 \tag{3.2}$$

단, 상향방향을 정방향으로 하지만, 방향에 관해서는 어느 쪽도 총합이 0이 되기 때문에 동일한 결과를 얻는다.

회전하지 않는다는 조건은 작용외력에 의한 A 및 B점에 관한 모멘트의 총합으로부터

$$\begin{aligned} \Sigma M_A &= R_B \times l - P\cos\theta \times a = 0 \\ \Sigma M_B &= R_A \times l - P\cos\theta \times (l-a) = 0 \end{aligned} \tag{3.3}$$

단, 반시계방향을 정방향 회전으로 하였다.

이상으로부터

$$H_B = P\sin\theta$$

$$H_A = P\cos\theta(l-a)/l,\ R_B = P\cos\theta - R_A$$

P가 $0 \le x \le a$의 경우, 모멘트 M_x, 전단력 S_x는

$$M_x = R_A x,\ S_x = R_A$$

P가 $a \le x \le l$의 경우, 모멘트 M_x, 전단력 S_x는

$$M_x = R_A x - P\cos\theta(x-a),\ S_x = R_A - P\cos\theta \tag{3.4}$$

엑셀 예제 3-1

그림 3.3에 보이는 바와 같이 단순보에 1개의 집중하중 P가 작용하는 경우, 지점 A로부터 x위치에서의 휨모멘트 M_x 및 전단력 S_x을 엑셀에서 계산한다.

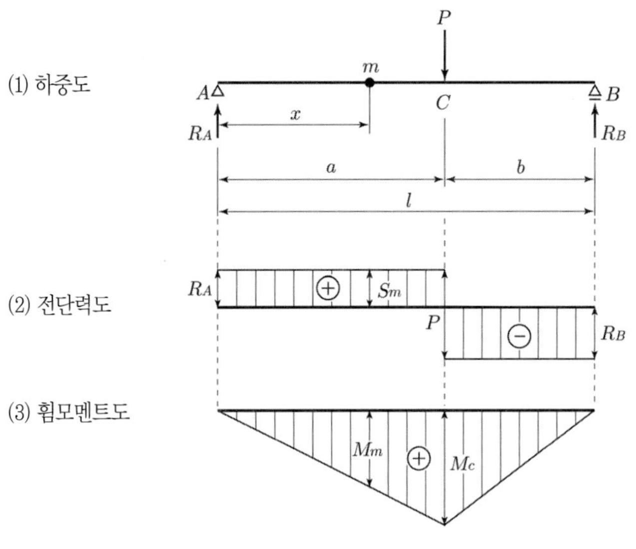

그림 3.3 집중하중이 작용하는 단순보의 계산결과도

• **반력**

지점 A의 반력 R_A, 지점 B의 반력 R_B는 식 (3.3)으로부터 외력의 B점, A점에 대한 모멘트의 총합을 계산하여 힘의 평형으로부터 구한다.

하중 P는 수직으로 작용하는데 $cos\theta = 1, sin\theta = 0$가 되어

$$\Sigma M_B = R_A l - P(l-a) = 0 \qquad \therefore R_A = \frac{P(l-a)}{l}$$

$$\Sigma M_A = -R_B l + Pa = 0 \qquad \therefore R_A = \frac{Pa}{l}$$

가 된다.

반력의 검산은 $\Sigma V = 0$으로부터

$$\Sigma V = R_A + R_B - P = 0$$

가 되므로 확인된다.

• **전단력**

보의 임의점 m에서 전단력 S_m은 m점으로부터 좌측의 외력을, 상향력은 정(+), 하향력은 부(-)로 하여 합계하여 구할 수 있다.

m점이 AC간에 있을 경우는

$$S_m = S_{A \sim C} = R_A$$

m점이 CB간에 있을 경우는

$$S_m = S_{C \sim B} = R_A - P = -R_B$$

가 된다. 그림 3.3에서 보이는 바와 같이 각 단면에서의 전단력을 도시한 것을 전단력도라고 하고 기준선의 상측에 정(+)의 전단력, 하측에 부(-)의 전단력을 그린다.

• **휨모멘트**

보의 임의점 m에서의 휨모멘트 M_m은 m점으로부터 좌측의 외력의 m점에 대한 모멘트(우회전 모멘트를 정(+), 좌회전 모멘트를 부(-)로 한다.)를 합계하면 구할 수 있다.

m점이 AC간에 있을 경우

$$M_m = R_A x$$

$$x = 0 \text{의 경우 } M_m = M_A = 0$$

$$x = a \text{의 경우 } M_m = R_A a$$

m점이 CB간에 있을 경우

$$M_m = R_A x - P(x - a)$$

$$x = a \text{의 경우 } M_m = M_C = R_A a - P(x - a) = R_A a$$

$$x = l \text{의 경우 } M_m = M_B = R_A l - P(l - a) = 0$$

그림 3.3에 보이는 바와 같이 각 단면에서의 휨모멘트를 도시한 것을 휨모멘트라고 하고, 기준선의 하측에 정(+), 상측에 부(-)의 휨모멘트를 그린다.

계산예제로서 전장 l=7.0cm, 하중 P=120.0kN을 a=4.0cm을 작용시킨 경우의 계산을 수행한다.

그림 3.4에 엑셀 입력 도면, 그림 3.5에 계산결과 표시화면을 나타내고, 계속해서 엑셀프로그램 리스트를 나타낸다. 단, 프로그램의 후반부분은 계산결과를 임의점에서의 구하는 것으로서 3장, 4장, 5장에서 작성된 각 프로그램에서 공통의 루틴이다. 예제 3-2 이하의 프로그램에서는 이 루틴이 생략되어 있는데, 동일한 루틴을 추가할 필요가 있다.

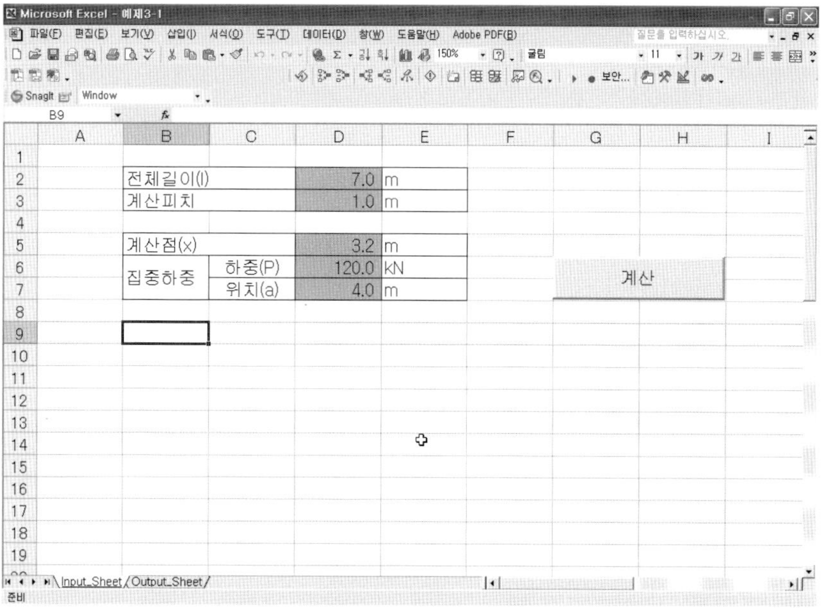

전체길이(l)		7.0	m
계산피치		1.0	m
계산점(x)		3.2	m
집중하중	하중(P)	120.0	kN
	위치(a)	4.0	m

계산

Input_Sheet / Output_Sheet

그림 3.4 엑셀 예제 3-1 (입력)

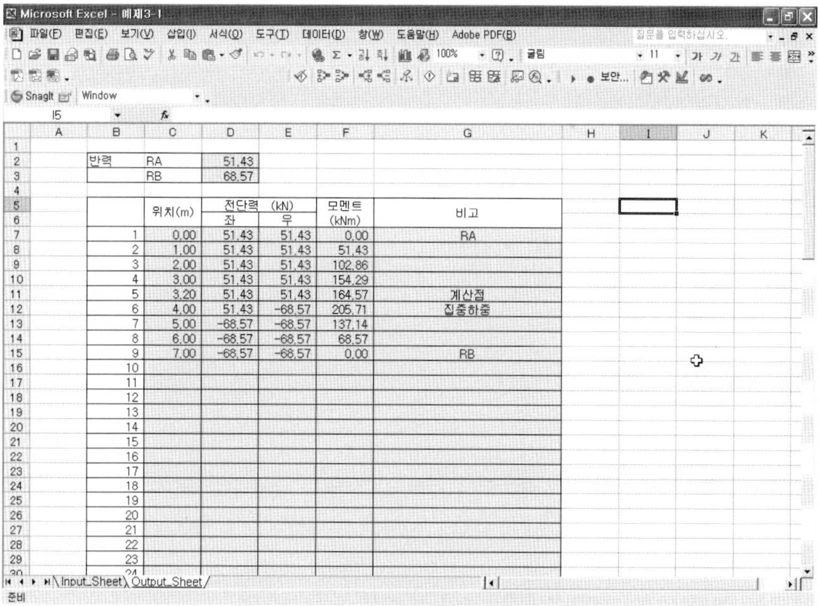

반력	RA	51.43
	RB	68.57

	위치(m)	전단력 (kN)		모멘트 (kNm)	비고
		좌	우		
1	0.00	51.43	51.43	0.00	RA
2	1.00	51.43	51.43	51.43	
3	2.00	51.43	51.43	102.86	
4	3.00	51.43	51.43	154.29	
5	3.20	51.43	51.43	164.57	계산점
6	4.00	51.43	-68.57	205.71	집중하중
7	5.00	-68.57	-68.57	137.14	
8	6.00	-68.57	-68.57	68.57	
9	7.00	-68.57	-68.57	0.00	RB
10					
11					
12					
13					
14					
15					
16					
17					
18					
19					
20					
21					
22					
23					

Input_Sheet / Output_Sheet

그림 3.5 엑셀 예제 3-1 (결과)

프로그램 리스트

```
Dim P1 As Double
Dim X1 As Double

Private Sub CommandButton1_Click()
    Call initialize

    Nk = 1
    L = Range("D2")
    Pk = Range("D3")
    Xk(1) = Range("D5")

    P1 = Range("D6")
    X1 = Range("D7")

    XRa = 0
    XRb = L

    Call make_data
    Call output_sheet
End Sub

Private Sub anti_power() '반력의 계산
    Ra = P1 * (L - X1) / L
    Rb = P1 * (X1) / L
End Sub

Public Function shearing_force(X As Double) As Double '전단력의 계산

    If (X < X1) Then
        shearing_force = Ra
    Else
        shearing_force = -Rb
    End If
End Function

Public Function bending_moment(X As Double) As Double '휨모멘트의 계산
    If (X = X1) Then
        bending_moment = Ra * X1
    ElseIf (X < X1) Then
        bending_moment = Ra * X
    ElseIf (X > X1) Then
```

```
        bending_moment = Ra * X - P1 * (X - X1)
    Else
        bending_moment = 0#
    End If
End Function

Private Sub make_data()
    Nm = 3
    Xm(1) = 0
    Xm(2) = X1
    Xm(3) = L
    Ns = 1
    Xs(1) = X1

    Call anti_power
    Call make_xo
End Sub


-----------------------------------------------------
여기부터 이하는 3장부터 5장의 프로그램에 공통됩니다.
표준 모듈에 추가하여 주세요
-----------------------------------------------------

Option Explicit

Global Const POINT_MAX = 100
Global Const EPS = 0.000001


'계산점
Global L As Double                '전체길이
Global Pk As Double               '계산피치
Global Nk As Integer              '개수
Global Xk(POINT_MAX) As Double '위치

'반력
Global Ra As Double, Rb As Double       '하중
Global XRa As Double, XRb As Double     '위치
Global Ia As Integer, Ib As Integer     '데이터내에서의 위치

'집중하중
Global Ns As Integer              '개수
```

```
Global Ps(POINT_MAX) As Double '하중
Global Xs(POINT_MAX) As Double '위치

'분포하중
Global Nb As Integer
Global Wb(POINT_MAX) As Double '하중
Global Sb(POINT_MAX) As Double '시점측하중
Global Eb(POINT_MAX) As Double '종점측하중
Global Xb(POINT_MAX) As Double '위치
Global Lb(POINT_MAX) As Double '폭

'계산용데이터
Global Nm As Integer
Global Pm(POINT_MAX) As Double '집중하중
Global Wm(POINT_MAX) As Double '분포하중
Global Sm(POINT_MAX) As Double '분포하중시점측하중
Global Em(POINT_MAX) As Double '분포하중종점측하중
Global Xm(POINT_MAX) As Double '폭

'출력용
Global No As Integer             '개수
Global Xo(POINT_MAX) As Double '계산점
Global So(POINT_MAX) As String '문자

Public Sub initialize()
    Dim i As Integer

   '데이터의초기화
    Nm = 0
    Ns = 0
    No = 0
    Nk = 0
    For i = 1 To POINT_MAX
        Ps(i) = 0#
        Xs(i) = 0#
        Wb(i) = 0#
        Xb(i) = 0#
        Sb(i) = 0#
        Eb(i) = 0#
        Lb(i) = 0#
        Pm(i) = 0#
        Sm(i) = 0#
        Em(i) = 0#
```

```
        Xm(i) = 0#
        Xo(i) = 0#
        So(i) = ""
    Next i
End Sub

Public Sub output_sheet()
    '데이터출력시
    Dim na As Integer, i As Integer
    Sheet2.Range("D2:D3") = ""
    Sheet2.Range("C7:G106") = ""

    Sheet2.Range("D2") = Ra
    Sheet2.Range("D3") = Rb

    For i = 1 To No
        na = 7 + (i - 1)
        Sheet2.Cells(na, 3) = Xo(i)
        Sheet2.Cells(na, 4) = Sheet1.shearing_force(Xo(i) - EPS)
        Sheet2.Cells(na, 5) = Sheet1.shearing_force(Xo(i))
        Sheet2.Cells(na, 6) = Sheet1.bending_moment(Xo(i))
        Sheet2.Cells(na, 7) = So(i)
    Next i
End Sub

Public Sub calc_trapezoid(ByVal Xs As Double, ByVal XE As Double, _
                ByVal WS As Double, ByVal WE As Double, _
                ByRef P1 As Double, ByRef S1 As Double)
    Dim h As Double

    h = (XE - Xs)
    P1 = (WS + WE) * h / 2#

    If (WS + WE) = 0 Then
        S1 = 0
    ElseIf (WS < WE) Then
        S1 = Xs + (h / 3#) * (2 * WE + WS) / (WS + WE)
    Else
        S1 = Xs + (h / 3#) * (2 * WS + WE) / (WS + WE)
    End If
End Sub

Public Function prop_dis(sx As Double, ex As Double, ax As Double, _
```

```
                    WS As Double, WE As Double) As Double
    prop_dis = WS + (ax - sx) / (ex - sx) * (WE - WS)

End Function

Public Sub make_xo()
    Dim i As Integer
    Dim xt As Double

    Call add_point(Xm(1))
    For i = 1 To Nm
        xt = Xm(i)

        If (i 〈 Nm) Then
            Do While (xt + Pk 〈 Xm(i + 1))
                Call add_xk(xt, xt + Pk)
                Call add_point(xt + Pk)
                xt = xt + Pk
            Loop
            Call add_xk(xt, Xm(i + 1))
            Call add_point(Xm(i + 1))
        End If

    Next i
End Sub

Private Sub add_xk(X1 As Double, x2 As Double)
    Dim i As Integer
    For i = 1 To Nk
        If (Xk(i) 〉 X1 And Xk(i) 〈 x2) Then
            Call add_point(Xk(i))
        End If
    Next i
End Sub

Private Sub add_point(X As Double)
    No = No + 1
    Xo(No) = X
    Call make_string(X)
End Sub

Private Sub make_string(X As Double)
    Dim i As Integer
```

```
    Dim stn As String

    If (X = XRa) Then So(No) = So(No) + "RA"
    If (X = XRb) Then So(No) = So(No) + "RB"

    For i = 1 To Ns
        If (X = Xs(i)) Then
            So(No) = So(No) + "집중하중" + stno(Ns, i)
        End If
    Next i
    For i = 1 To Nb
        If (X = Xb(i)) Then
            If (So(No) <> "") Then So(No) = So(No) + "."
            So(No) = So(No) + "분포하중" + stno(Nb, i) + "시점"
        End If
        If (X = Xb(i) + Lb(i)) Then
            If (So(No) <> "") Then So(No) = So(No) + "."
            So(No) = So(No) + "분포하중" + stno(Nb, i) + "종점"
        End If
    Next i
    For i = 1 To Nk
        If (X = Xk(i)) Then
            If (So(No) <> "") Then So(No) = So(No) + "."
            So(No) = So(No) + "계산점" + stno(Nk, i)
        End If
    Next i
End Sub

Function stno(n As Integer, i As Integer) As String
    If (n > 1) Then
        stno = Trim(Str$(i))
    Else
        stno = ""
    End If
End Function
```

3.3 다수의 집중하중이 작용하는 경우

엑셀 예제 3-2

그림 3.6에 보이는 바와 같이 단순보에 다수의 집중하중이 작용하는 경우의 휨모멘트 M_x 및 전단력 S_x를 엑셀에서 계산한다.

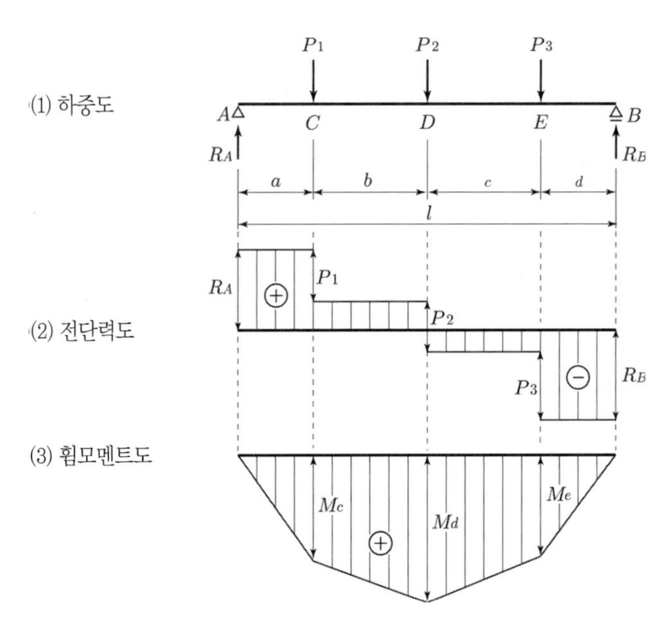

그림 3.6 복수의 집중하중이 작용하는 단순보의 계산결과도

• **반력**

외력의 양지점에 대한 모멘트의 평형으로부터

$$\Sigma M_B = R_A l - P_1(b+c+d) - P_2(c+d) - P_3 d = 0$$

$$\therefore R_A = \frac{1}{l}\{P_1(b+c+d) + P_2(c+d) + P_3 d\}$$

$$\Sigma M_A = P_1 a + P_2(a+b) + P_3(a+b+c) - R_B l = 0$$

$$\therefore R_B = \frac{1}{l}\{P_1 a + P_2(a+b) + P_3(a+b+c)\}$$

반력의 검산으로서 $\Sigma V = 0$으로부터

$$\Sigma V = R_A - P_1 - P_2 - P_3 + R_B = 0$$

$$\therefore R_B = P_1 + P_2 + P_3 - R_A$$

가 되므로 확인할 수 있다.

• **전단력**

보의 각점에서 전단력은 각점의 좌측에 작용하고 있는 외력의 연직력을 합계하여 구한다.

$$S_{A\sim C} = R_A$$

$$S_{C\sim D} = R_A - P_1$$

$$S_{D\sim E} = -R_B + P_3$$

$$S_{E\sim B} = R_A - P_1 - P_2 - P_3 = -R_B$$

$$= -R_B$$

• **휨모멘트**

보의 각점에서 휨모멘트는 각점의 좌측에 작용하고 있는 외력의 각점에서의 모멘트를 합계하는 것에 의하여 구한다.

$$M_A = 0$$

$M_C = R_A a$ (AC간의 S·F·D(전단력도)에 해당)

$$M_D = R_A(a+b) - P_1 b \ \ (AD\ \text{간의 S·F·D에 해당})$$

$$= R_B(d+c) - P_3 c$$

$$M_E = R_A(a+b+c) - P_1(b+c) - P_2 c \ \ (AD\ \text{간의 S·F·D에 해당})$$

$$= R_B d \ \ (BE\text{간의 S·F·D의 면적에 해당})$$

$$M_B = 0$$

계산예제로서 전장 l=10.0m, 집중하중을 3개 $P_1 = 15.0\,kN$, $P_2 = 20.0\,kN$, $P_3 = 40.0\,kN$을 각각 A점으로부터 2.0m, 5.0m, 7.0m의 위치에 작용시킨 경우에 대해 계산한다. 엑셀의 입력도면을 그림 3.7에, 계산결과 화면을 그림 3.8에 나타내고, 계속해서 프로그램 리스트를 나타낸다.

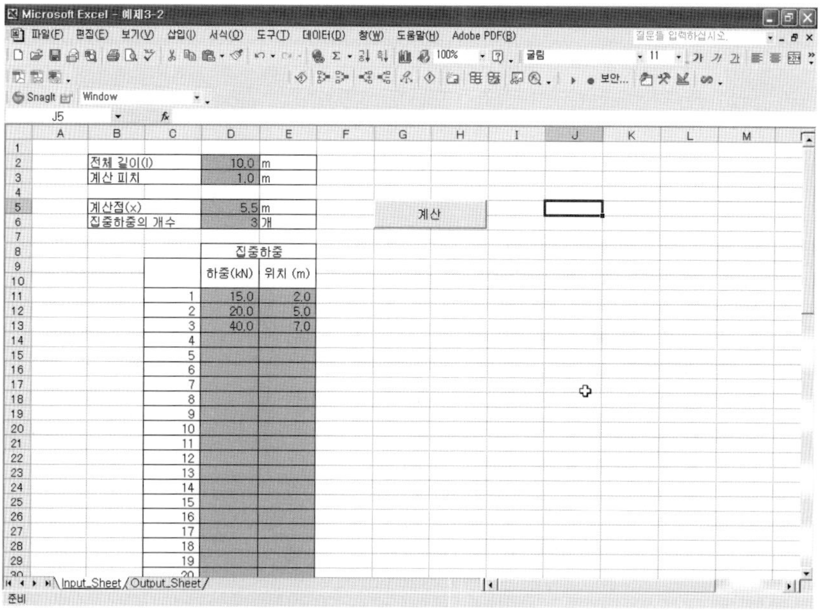

Microsoft Excel - 예제3-2

파일(F) 편집(E) 보기(V) 삽입(I) 서식(O) 도구(T) 데이터(D) 창(W) 도움말(H) Adobe PDF(B) 질문을 입력하십시오.

100% 굴림 11 가 가 가

보안...

SnagIt Window

J5 fx

	A	B	C	D	E	F	G	H	I	J	K	L	M
1													
2		전체 길이(l)		10.0	m								
3		계산 피치		1.0	m								
4													
5		계산점(x)		5.5	m		계산						
6		집중하중의 개수		3	개								
7													
8				집중하중									
9				하중(kN)	위치 (m)								
10													
11			1	15.0	2.0								
12			2	20.0	5.0								
13			3	40.0	7.0								
14			4										
15			5										
16			6										
17			7										
18			8										
19			9										
20			10										
21			11										
22			12										
23			13										
24			14										
25			15										
26			16										
27			17										
28			18										
29			19										
30			20										

Input_Sheet / Output_Sheet

준비

그림 3.7 엑셀 예제 3-2 (입력)

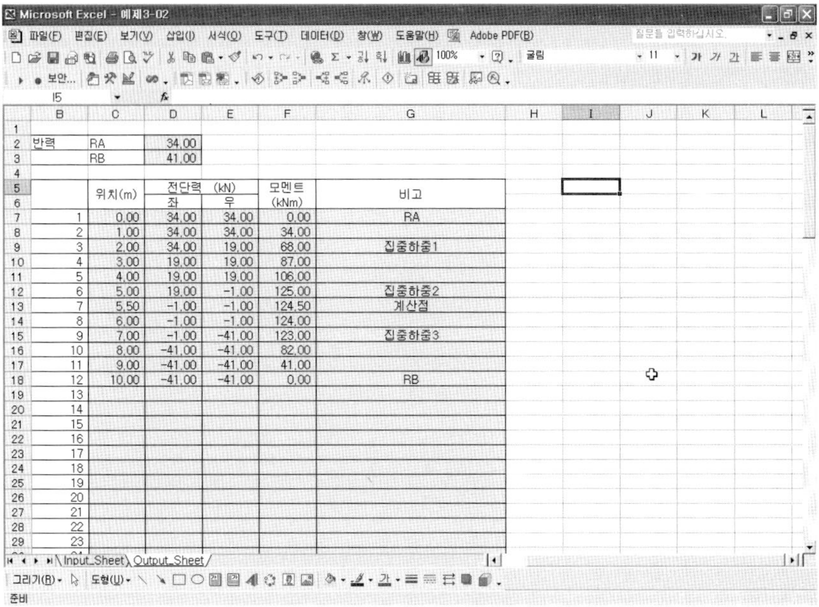

Microsoft Excel - 예제3-02

파일(F) 편집(E) 보기(V) 삽입(I) 서식(O) 도구(T) 데이터(D) 창(W) 도움말(H) Adobe PDF(B)

반력	RA	34.00
	RB	41.00

	위치(m)	전단력 (kN)		모멘트 (kNm)	비고
		좌	우		
1	0.00	34.00	34.00	0.00	RA
2	1.00	34.00	34.00	34.00	
3	2.00	34.00	19.00	68.00	집중하중1
4	3.00	19.00	19.00	87.00	
5	4.00	19.00	19.00	106.00	
6	5.00	19.00	-1.00	125.00	집중하중2
7	5.50	-1.00	-1.00	124.50	계산점
8	6.00	-1.00	-1.00	124.00	
9	7.00	-1.00	-41.00	123.00	집중하중3
10	8.00	-41.00	-41.00	82.00	
11	9.00	-41.00	-41.00	41.00	
12	10.00	-41.00	-41.00	0.00	RB
13					
14					
15					
16					
17					
18					
19					
20					
21					
22					
23					

Input_Sheet Output_Sheet

그리기(R) 도형(U)

준비

그림 3.8 엑셀 예제 3-2 (결과)

프로그램 리스트

```
Private Sub CommandButton1_Click()
    Dim i As Integer

    Call initialize

    Nk = 1
    L = Range("D2")
    Pk = Range("D3")
    Xk(1) = Range("D5")

    Ns = Range("D6")

    For i = 1 To Ns
        Ps(i) = Cells(11 + (i - 1), 4)
        Xs(i) = Cells(11 + (i - 1), 5)
    Next i

    XRa = 0
    XRb = L

    Call make_data
    Call output_sheet
End Sub

Private Sub anti_power() '반력의 계산
    Dim ab As Double, GK As Double

    GK = 0#
    Ra = 0#

    For i = 1 To Nm
        Ra = Ra + (L - Xm(i)) * Pm(i)
        GK = GK + Pm(i)
    Next i

    Ra = Ra / L
    Rb = GK - Ra
End Sub

Public Function shearing_force(X As Double) As Double '전단력의 계산
    Dim i As Integer, sf As Double
```

```
    sf = -Pm(1)
    For i = 2 To Nm
        If (Xm(i) > X) Then Exit For
        sf = sf - Pm(i)
    Next i

    If (X = L) Then sf = sf + Pm(Nm)

    shearing_force = sf
End Function

Public Function bending_moment(X As Double) As Double '휨모멘트의 계산
    Dim r As Double, T As Double
    Dim i As Integer, j As Integer
    Dim L1 As Double, L2 As Double, L3 As Double

    r = 0#
    i = 0

    Do
        i = i + 1
        If (Xm(i) > X) Then L3 = X Else L3 = Xm(i)

        L2 = L3 - Xm(i - 1)

        For j = 1 To i - 2
            L1 = Xm(j + 1) - Xm(j)
            r = r - Pm(j) * L2
        Next j
        r = r - Pm(i - 1) * L2

    Loop While (Xm(i) < X And i < Nm)

    bending_moment = r
End Function

Private Sub make_data()
    Dim i As Integer

    Call plusSW(0, 0)
    For i = 1 To Ns
        Call plusSW(Xs(i), Ps(i))
```

```
    Next i
    Call plusSW(L, 0)

    Call anti_power
    Call make_xo
End Sub

Private Sub plusSW(X As Double, p As Double)
    If (Xm(Nm) < X Or Nm = 0) Then
        Nm = Nm + 1
        Pm(Nm) = p
        Xm(Nm) = X
    End If
End Sub
```

3.4 등분포하중이 보 전체길이에 작용하는 경우

엑셀 예제 3-3

그림 3.9에 보이는 바와 같이 등분포하중이 보의 전체길이에 걸쳐서 작용하는 경우의 단순보의 휨모멘트 M_x 및 전단력 S_x를 엑셀에서 계산한다.

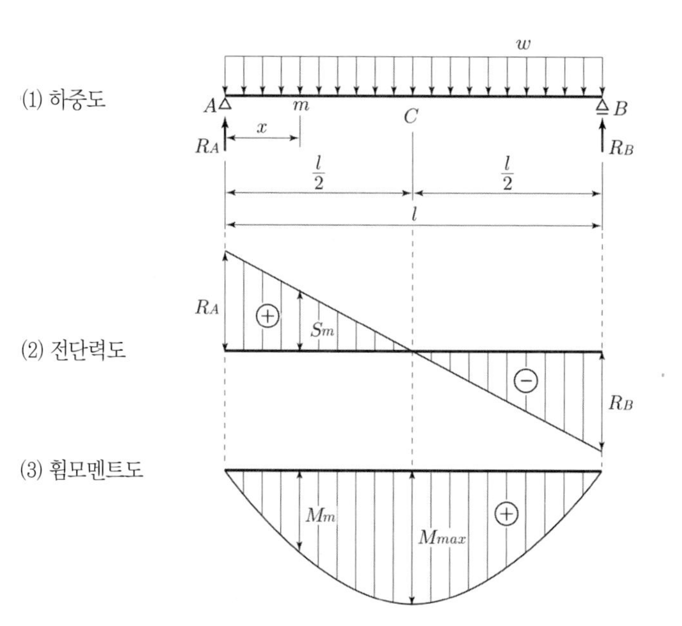

그림 3.9 등분포하중이 보 전체길이에 작용하는 단순보의 계산결과도

• 반력

보 전체에 작용하는 등분포하중 w을 집중하중 wl로 치환하여 이 하중이 보의 중앙에 작용한 경우와 같아지게 된다.

$$R_A = R_B = \frac{wl}{2}$$

• **전단력**

임의점 m에서의 전단력 S_m 은

$$S_m = R_A - wx$$

$$x = 0 \text{의 경우 } S_m = S_A = R_A$$

$$x = \frac{l}{2} \text{의 경우 } S_m = S_C = R_A - w \cdot \frac{l}{2} = \frac{wl}{2} - \frac{wl}{2} = 0$$

$$x = l \text{의 경우 } S_m = S_B = R_A - wl = -R_B$$

가 된다.

• **휨모멘트**

임의점 m에서의 휨모멘트 M_m 은

$$M_m = R_A x - wx \cdot \frac{x}{2}$$

$$x = 0 \text{의 경우 } M_m = M_A = 0$$

$$x = \frac{l}{2} \text{의 경우}$$

$$M_m = M_C = M_{\max} = R_A \frac{l}{2} - w \cdot \frac{l}{2} \cdot \frac{l}{4} = \frac{wl}{2} \cdot \frac{l}{2} - \frac{wl^2}{8} = \frac{wl^2}{8}$$

$$x = l \text{의 경우 } M_m = M_B = 0$$

가 된다.

이제, 계산예제로서 보전체길이 l=8.0m, 전체길이에 w=8.0kN/m의 등분포하중이 작용하는 경우의 계산을 행한다.

그림 3.10 및 그림 3.11, 그림 3.12에 엑셀 입력 및 계산결과 화면을 표시하고, 계속해서 프로그램 리스트를 표시한다.

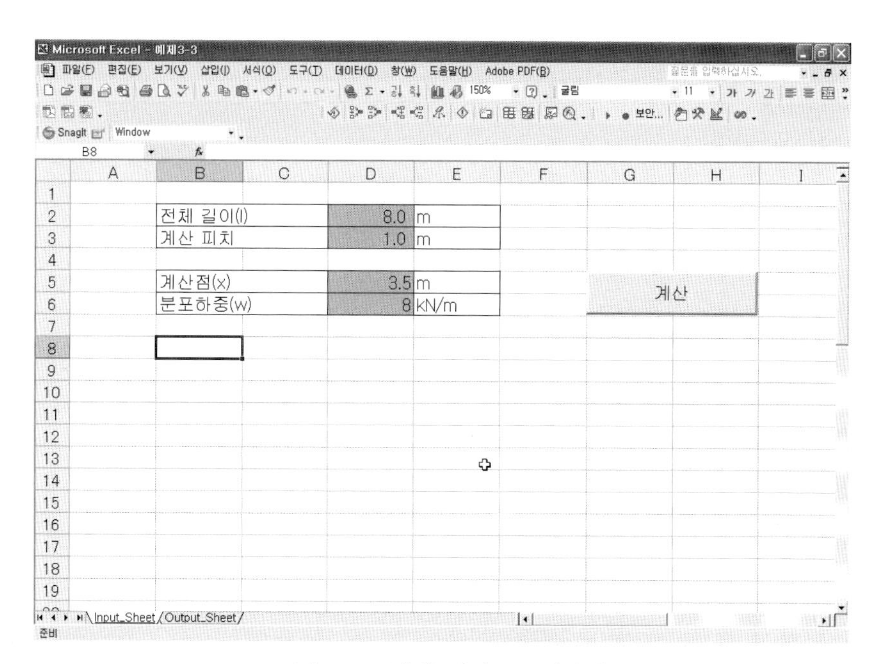

그림 3.10 엑셀 예제 3-3 (입력)

Microsoft Excel - 예제3-3

파일(F) 편집(E) 보기(V) 삽입(I) 서식(O) 도구(T) 데이터(D) 창(W) 도움말(H) Adobe PDF(B)

100% 굴림 11 가 가 가 보안...

SnagIt Window

I5

반력	RA	32.00
	RB	32.00

	위치(m)	전단력 (kN)		모멘트 (kNm)	비고
		좌	우		
1	0.00	32.00	32.00	0.00	RA분포하중시점
2	1.00	24.00	24.00	28.00	
3	2.00	16.00	16.00	48.00	
4	3.00	8.00	8.00	60.00	
5	3.50	4.00	4.00	63.00	계산점
6	4.00	0.00	0.00	64.00	
7	5.00	-8.00	-8.00	60.00	
8	6.00	-16.00	-16.00	48.00	
9	7.00	-24.00	-24.00	28.00	
10	8.00	-32.00	-32.00	0.00	RB분포하중종점
11					
12					
13					
14					
15					
16					
17					
18					
19					
20					
21					
22					
23					

Input_Sheet / Output_Sheet /

준비

그림 3.11 엑셀 예제 3-3 (결과)

프로그램 리스트

```
Dim W1 As Double

Private Sub CommandButton1_Click()
    Call initialize

    Nk = 1
    L = Range("D2")
    Pk = Range("D3")
    Xk(1) = Range("D5")

    W1 = Range("D6")

    XRa = 0
    XRb = L

    Call make_data
    Call output_sheet
End Sub

Private Sub anti_power() '반력의 계산
    Ra = W1 * L / 2#
    Rb = W1 * L / 2#
End Sub

Public Function shearing_force(X As Double) As Double '전단력의 계산
    shearing_force = Ra - W1 * X
End Function

Public Function bending_moment(X As Double) As Double '휨모멘트의 계산
    bending_moment = Ra * X - W1 * X * (X / 2#)
End Function

Private Sub make_data()
    Nm = 2
    Xm(1) = 0#
    Xm(2) = L

    Nb = 1
    Xb(1) = 0
    Lb(1) = L

    Call anti_power
    Call make_xo
End Sub
```

3.5 등분포하중이 부분적으로 작용하는 경우

엑셀 예제 3-4

그림 3.12에 보이는 단순보의 일부구간에 등분포하중이 작용하는 경우의 휨 모멘트 M_x 및 전단력 S_x를 엑셀에서 계산한다.

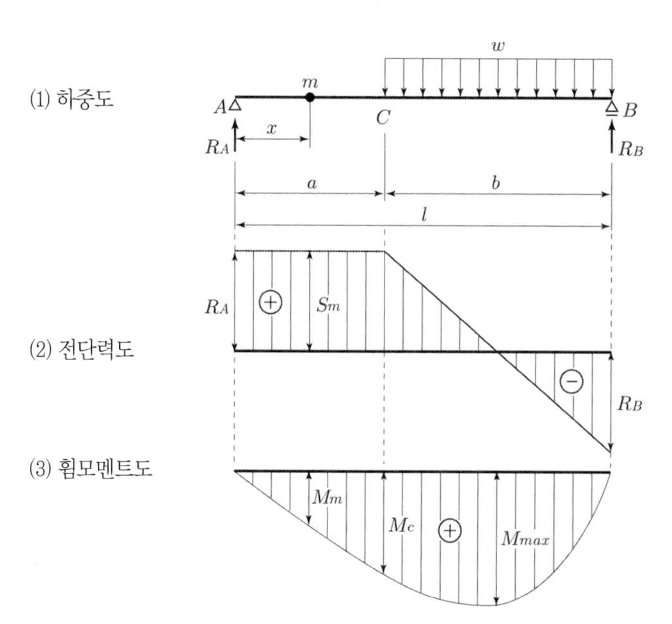

그림 3.12 등분포하중이 부분적으로 작용하는 단순보의 계산결과도

• 반력

CB 구간에 작용하고 있는 등분포하중 w를 집중하중 $P = wb$으로 치환하여 이 하중이 CB 구간의 중점에 작용하는 경우와 동일하여

$$R_A = \frac{1}{l} \cdot wb \cdot \frac{b}{2} = \frac{wb^2}{2l}$$

$$R_B = \frac{1}{l}\left\{wb\left(a + \frac{b}{2}\right)\right\}$$

가 된다.

반력의 검산으로서 $R_A + R_B - wa = 0$가 되므로 확인된다.

• **전단력**

임의점 m에서의 전단력 S_m은

m점이 AC 구간에 있을 경우

$$S_m = S_{A \sim C} = R_A$$

m점이 CB 구간에 있을 경우

$$S_m = R_A - w(x - a)$$

$$x = a\text{의 경우 } S_m = S_C = R_A$$

$$x = l\text{의 경우 } S_m = S_B = R_A - w(l - a) = R_A - wb = -R_B$$

가 된다.

CB 구간의 전단력은 S_m의 식이 x의 1차식이 때문에 직선적으로 변화하고, 그 변화량은 wb가 된다. 단, 전단력이 0이 되는 점을 A점으로부터 x_0라고 하면, S_m의 식을 0으로 할 경우

$$S_m = R_A - w(x_0 - a) = 0\text{이기 때문에 } x_0 = \frac{R_A}{x} + a$$

로서 구하는 것이 가능하다.

• **휨모멘트**

임의점 m에서의 휨모멘트 M_m 은

m점이 AC 구간에 있을 경우

$$M_m = R_A x$$

$$x = 0 \text{의 경우 } M_m = M_A = 0$$

$$x = a \text{의 경우 } M_m = M_C = M_{\max} = R_A a$$

m점이 CB 구간에 있을 경우

$$M_m = R_A x - \frac{w(x-a)^2}{2}$$

$$x = a \text{의 경우 } M_m = M_C = R_A a$$

$$x = l \text{의 경우 } M_m = M_B = \frac{wb^2}{2l} \bullet l - \frac{wb^2}{2} = 0$$

가 된다.

휨모멘트 그림은 m점이 AC 구간에 있을 경우, M_m 의 식은 x 의 1차식이므로 직선적으로 변화하고, m점이 CB 구간에 있을 경우는 M_m 의 식은 x 의 2차식이므로 2차곡선이 된다.

단, 휨모멘트가 최대가 되는 $M_{\max}$ 는 전단력이 0이 되는 점에서 발생하는데 CB 구간의 M_m 의 식으로부터 구할 수 있다.

계산예제로서 전체길이 $l = 10.0m$, 등분포하중 $w = 20.0kN/m$ 가 a=4.0m 지점으로부터(C점으로부터 B점까지) 작용하는 경우에 대해서 계산을 수행한다.

그림 3.13 및 그림 3.14에 엑셀 입력 및 계산결과 화면을 표시하고, 계속해서 그 엑셀프로그램 리스트를 표시한다.

항목		값	단위
전체 길이(l)		10.0	m
계산 피치		1.0	m
계산점(x)		5.8	m
분포하중	하중(w)	20	kN/m
	위치(a)	4	m

계산

그림 3.13 엑셀 예제 3-4 (입력)

반력	RA	36.00
	RB	84.00

	위치(m)	전단력 (kN) 좌	우	모멘트 (kNm)	비고
1	0.00	36.00	36.00	0.00	RA
2	1.00	36.00	36.00	36.00	
3	2.00	36.00	36.00	72.00	
4	3.00	36.00	36.00	108.00	
5	4.00	36.00	36.00	144.00	분포하중시점
6	5.00	16.00	16.00	170.00	
7	5.80	0.00	0.00	176.40	계산점
8	6.00	-4.00	-4.00	176.00	
9	7.00	-24.00	-24.00	162.00	
10	8.00	-44.00	-44.00	128.00	
11	9.00	-64.00	-64.00	74.00	
12	10.00	-84.00	-84.00	0.00	RB 분포하중종점
13					
14					
15					
16					
17					
18					
19					
20					
21					
22					
23					

그림 3.14 엑셀 예제 3-4 (결과)

프로그램 리스트

```
Dim W1 As Double
Dim X1 As Double

Private Sub CommandButton1_Click()
    Call initialize

    Nk = 1
    L = Range("D2")
    Pk = Range("D3")
    Xk(1) = Range("D5")

    W1 = Range("D6")
    X1 = Range("D7")
    L1 = Range("D8")

    XRa = 0
    XRb = L

    Call make_data
    Call output_sheet
End Sub

Private Sub anti_power() '반력의 계산
    Dim b As Double
    b = L - X1
    Ra = (W1 * b ^ 2) / (2 * L)
    Rb = (W1 * b * (X1 + b / 2#)) / L
End Sub

Public Function shearing_force(X As Double) As Double '전단력의 계산
    If (X < X1) Then
        shearing_force = Ra
    Else
        shearing_force = Ra - W1 * (X - X1)
    End If

End Function

Public Function bending_moment(X As Double) As Double '휨모멘트의 계산
    If (X < X1) Then
        bending_moment = Ra * X
```

```
    Else
        bending_moment = Ra * X - (W1 * (X - X1) ^ 2) / 2#
    End If
End Function

Private Sub make_data()
    Nm = 3
    Xm(1) = 0#
    Xm(2) = X1
    Xm(3) = L

    Nb = 1
    Xb(1) = X1
    Lb(1) = L - X1

    Call anti_power
    Call make_xo
End Sub
```

3.6 삼각형분포하중이 보 전체길이에 작용하는 경우

엑셀 예제 3-5

그림 3.15에 보이는 바와 같이 단순보에 삼각형 분포하중이 보 전체길이에 걸쳐서 작용하는 경우의 휨모멘트 M_x 및 전단력 S_x를 엑셀에서 계산한다.

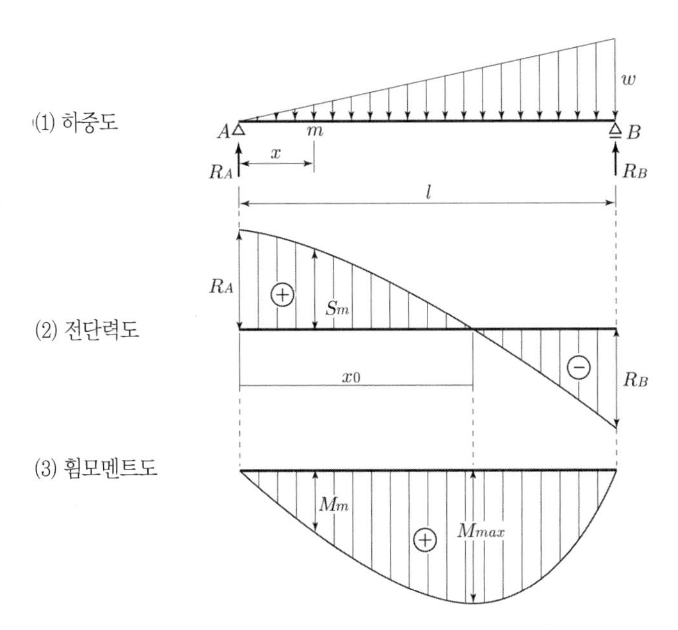

그림 3.15 삼각형하중이 보 전체에 작용하는 단순보의 계산결과도

• 반력

삼각형 등분포하중을 집중하중 $P = wl/2$로 치환하여 이 하중이 삼각형의 도심에 작용하는 것으로 하여

$$R_A = \frac{1}{l}\left(\frac{wl}{2} \cdot \frac{wl}{3}\right) = \frac{wl}{6}$$

$$R_B = \frac{1}{l}\left(\frac{wl}{2} \cdot \frac{2wl}{3}\right) = \frac{wl}{3}$$

가 된다.

• 전단력

임의점 m 좌측의 하중은 $P_x = w_m x$ 이므로, 임의의 점에서의 전단력 S_m 은

$$S_m = R_A - \frac{w_m x}{2} = R_A - \frac{wx}{l} \cdot x \cdot \frac{l}{2}$$

$$= R_A - \frac{wx^2}{2l} = \frac{wl}{6} - \frac{wx^2}{2l} = \frac{w}{6l}(l^2 - 3x^2)$$

$x = 0$ 의 경우 $S_m = S_A = R_A$

$x = l$ 의 경우 $S_m = S_B = R_A - \frac{wl}{2} = -R_B$

가 된다.

전단력이 0이 되는 점을 지점 A 로부터 x_0 라고 하면, S_m 의 식을 0으로 두고 구할 수 있으므로,

$$S_m = \frac{w}{6l}(l^2 - 3x_0^2) = 0 \text{ 이기 때문에 } x_0 = \frac{l}{\sqrt{3}}$$

로서 구하는 것이 가능하다.

전단력도는 S_m 의 식이 x 의 2차식이기 때문에 2차곡선이 된다.

• 휨모멘트

임의점 m의 좌측의 하중은 $P_x = wx^2/2l$ 로서, 이 하중이 삼각형의 도심에 작용한다고 생각하면 m 점에서의 휨모멘트 M_m 은

$$M_m = R_A x - \frac{wx^2}{2l} \cdot \frac{x}{3} = \frac{wl}{6} \cdot x - \frac{wx^3}{6l} = \frac{wx}{6l}(l^2 - x^2)$$

$$x = 0\text{의 경우 } M_m = M_A = 0$$

$$x = a\text{의 경우 } M_m = M_{\max} = \frac{w}{6l} \cdot \frac{l}{\sqrt{3}}\left\{l^2 - \left(\frac{l}{\sqrt{3}}\right)^2\right\} = \frac{wl^2}{9\sqrt{3}}$$

$$x = l\text{의 경우 } M_m = M_B = 0$$

가 된다.

휨모멘트도는 지점 A로부터 $l/\sqrt{3}$의 점에서 최대치가 되고, M_m의 식이 x의 3차식이므로 3차곡선이 된다.

계산예제로서 전체길이 l=29.0m, w=60.0kN/m으로 계산을 수행한다. 그림 3.16 및 그림 3.17에서 엑셀 입력 및 계산결과화면을 나타내고, 계속해서 엑셀프로그램 리스트를 나타낸다.

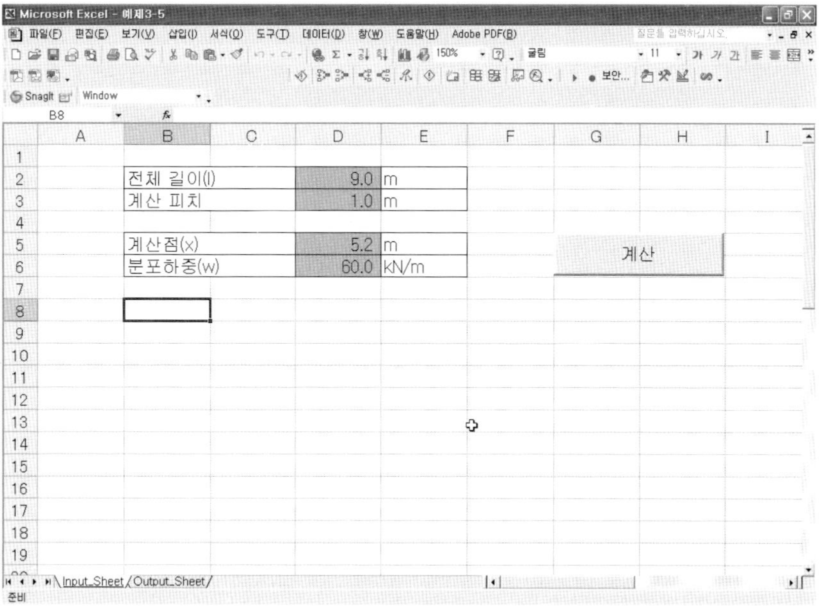

Microsoft Excel - 예제3-5

파일(F) 편집(E) 보기(V) 삽입(I) 서식(O) 도구(T) 데이터(D) 창(W) 도움말(H) Adobe PDF(B)

B8

	A	B	C	D	E	F	G	H	I
1									
2		전체 길이(l)		9.0	m				
3		계산 피치		1.0	m				
4									
5		계산점(x)		5.2	m		계산		
6		분포하중(w)		60.0	kN/m				
7									
8									
9									
10									
11									
12									
13									
14									
15									
16									
17									
18									
19									

Input_Sheet / Output_Sheet

준비

그림 3.16 엑셀 예제 3-5 (입력)

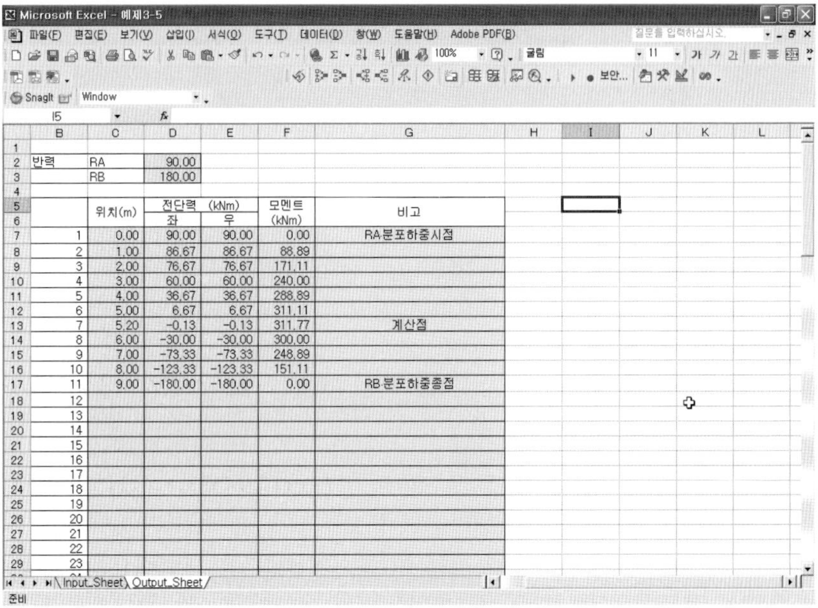

반력	RA	90.00
	RB	180.00

	위치(m)	전단력 (kNm)		모멘트 (kNm)	비고
		좌	우		
1	0.00	90.00	90.00	0.00	RA분포하중시점
2	1.00	86.67	86.67	88.89	
3	2.00	76.67	76.67	171.11	
4	3.00	60.00	60.00	240.00	
5	4.00	36.67	36.67	288.89	
6	5.00	6.67	6.67	311.11	
7	5.20	-0.13	-0.13	311.77	계산점
8	6.00	-30.00	-30.00	300.00	
9	7.00	-73.33	-73.33	248.89	
10	8.00	-123.33	-123.33	151.11	
11	9.00	-180.00	-180.00	0.00	RB분포하중종점
12					
13					
14					
15					
16					
17					
18					
19					
20					
21					
22					
23					

그림 3.17 엑셀 예제 3-5 (결과)

프로그램 리스트

```
Dim W1 As Double

Private Sub CommandButton1_Click()
    Call initialize

    Nk = 1
    L = Range("D2")
    Pk = Range("D3")
    Xk(1) = Range("D5")

    W1 = Range("D6")
    W2 = Range("D6")

    XRa = 0
    XRb = L

    Call make_data
    Call output_sheet
End Sub

Private Sub anti_power() '반력의 계산
    Ra = W1 * L / 6
    Rb = W1 * L / 3
End Sub

Public Function shearing_force(X As Double) As Double '전단력의 계산
    shearing_force = Ra - (W1 * X ^ 2#) / (2 * L)
End Function

Public Function bending_moment(X As Double) As Double '휨모멘트의 계산
    bending_moment = ((W1 * X) / (6 * L)) * (L ^ 2 - X ^ 2)
End Function

Private Sub make_data()
    Nm = 2
    Xm(1) = 0#
    Xm(2) = L

    Nb = 1
    Xb(1) = 0
    Lb(1) = L

    Call anti_power
    Call make_xo
End Sub
```

제 4 장 캔틸레버보

캔틸레버보는 고정지점 1개만으로 지지되는 보로서 지지점을 고정단이라고 하고, 그 반대측을 자유단이라고 한다.

4.1 집중하중이 작용하는 경우

엑셀 예제 4-1

그림 4.1에 보이는 바와 같이 1개의 집중하중이 작용하는 경우의 캔틸레버보에서의 휨모멘트 M_x 및 전단력 S_x를 엑셀에서 계산한다.

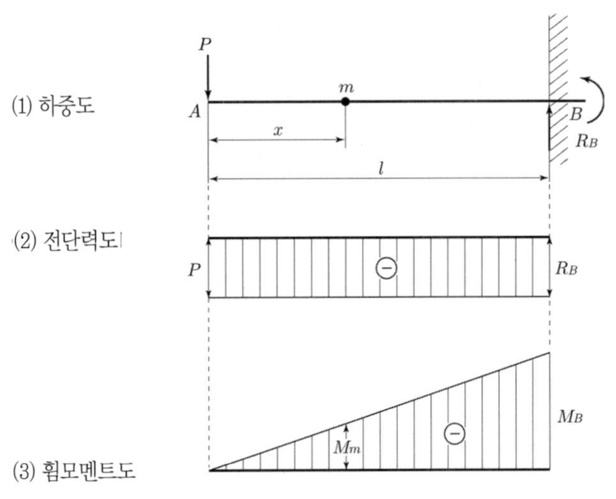

그림 4.1 집중하중이 작용하는 캔틸레버보의 계산결과도

• 반력

그림 4.1과 같이 우측이 고정지점인 캔틸레버보는 지점 B에서의 연직반력 R_B와 모멘트의 반력 M_B가 발생한다. R_B는 상향, M_B는 좌회전이라고 가정하고, $\Sigma V=0$, $\Sigma M=0$의 조건식으로부터 조건식을 구할 수 있다.

$$\Sigma V=0 \text{ 으로부터 } \Sigma V=-P+R_B=0$$

$$\therefore R_B=P$$

$$\Sigma M=0 \text{ 으로부터 } \Sigma M=-Pl-M_B=0$$

$$\therefore M_B=-Pl$$

• 전단력

임의점 m에서의 전단력은 각점의 자유단측에 작용하는 하중을 합계하여 구한다.

$$S=-P$$

- **휨모멘트**

임의점 m에서의 휨모멘트는 m점으로부터 자유단측에 작용하는 하중의 m 점에 대한 모멘트를 계산하면

$$M_m = - Px$$

가 된다.

휨모멘트도는 M_m의 식이 x의 1차식이므로 직선적으로 변화한다.

예제로서 전체길이 l=7.0m, 하중 P=20.0 kN으로 계산을 수행하고, 1m 피치로 계산결과를 출력한다. 이 때, 엑셀의 입력화면을 그림 4.2에, 계산결과 화면을 그림 4.3에 나타낸다. 또한, 계속해서 프로그램 리스트를 표시한다.

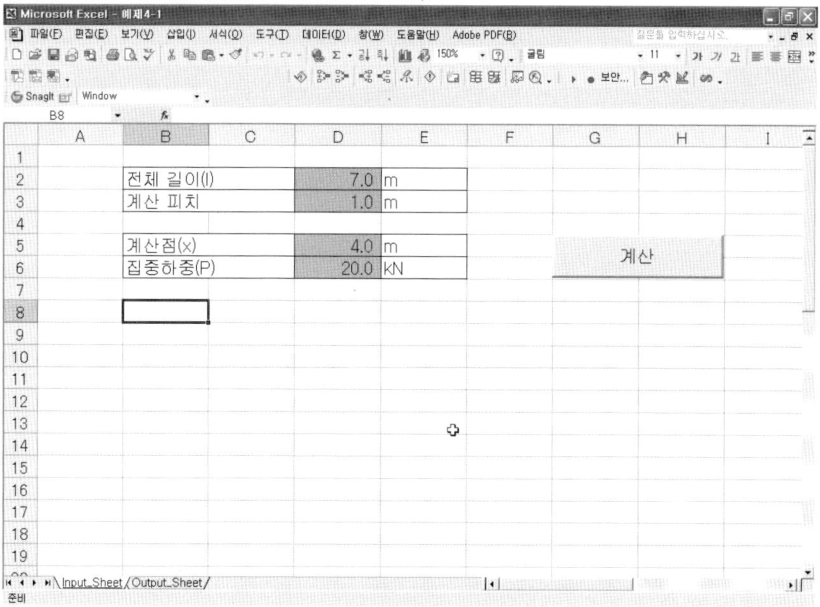

Microsoft Excel - 예제4-1

파일(F) 편집(E) 보기(V) 삽입(I) 서식(O) 도구(T) 데이터(D) 창(W) 도움말(H) Adobe PDF(B)

	B	D	E
2	전체 길이(l)	7.0	m
3	계산 피치	1.0	m
5	계산점(x)	4.0	m
6	집중하중(P)	20.0	kN

계산

Input_Sheet / Output_Sheet

그림 4.2 엑셀 예제 4-1 (입력)

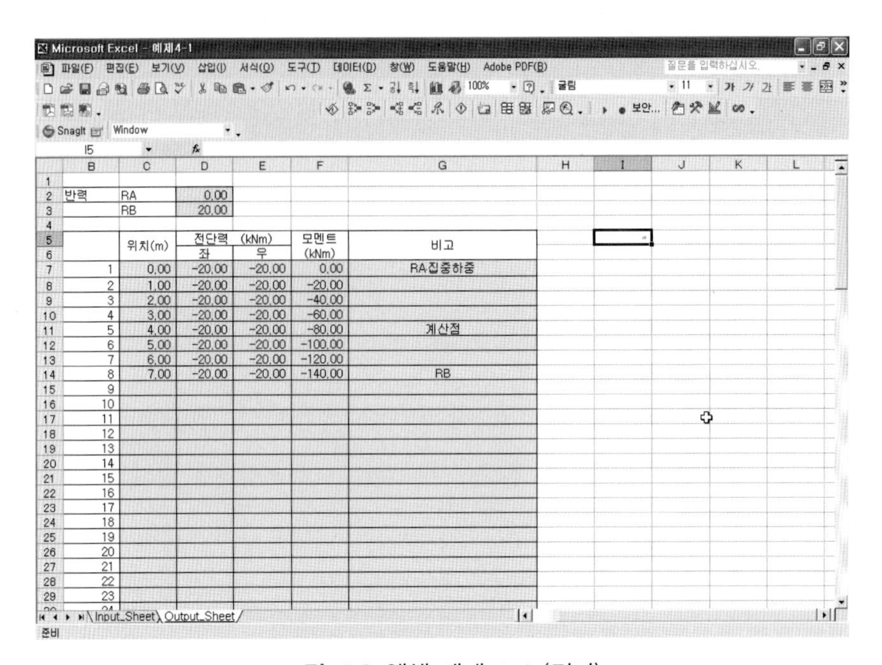

	B	C	D	E	F	G
1						
2	반력	RA	0.00			
3		RB	20.00			
4						
5		위치(m)	전단력 (kNm)		모멘트	비고
6			좌	우	(kNm)	
7	1	0.00	-20.00	-20.00	0.00	RA집중하중
8	2	1.00	-20.00	-20.00	-20.00	
9	3	2.00	-20.00	-20.00	-40.00	
10	4	3.00	-20.00	-20.00	-60.00	
11	5	4.00	-20.00	-20.00	-80.00	계산점
12	6	5.00	-20.00	-20.00	-100.00	
13	7	6.00	-20.00	-20.00	-120.00	
14	8	7.00	-20.00	-20.00	-140.00	RB
15	9					
16	10					
17	11					
18	12					
19	13					
20	14					
21	15					
22	16					
23	17					
24	18					
25	19					
26	20					
27	21					
28	22					
29	23					

그림 4.3 엑셀 예제 4-1 (결과)

프로그램 리스트

```
Dim P1 As Double

Private Sub CommandButton1_Click()
    Call initialize

    Nk = 1
    L = Range("D2")
    Pk = Range("D3")
    Xk(1) = Range("D5")

    P1 = Range("D6")

    XRa = 0
    XRb = L

    Call make_data
    Call output_sheet
End Sub

Private Sub anti_power() '반력의 계산
    Ra = 0
    Rb = P1
End Sub

Public Function shearing_force(X As Double) As Double '전단력의 계산
    shearing_force = -P1
End Function

Public Function bending_moment(X As Double) As Double '휨모멘트의 계산
    bending_moment = -P1 * X
End Function

Private Sub make_data()
    Nm = 2
    Xm(1) = 0#
    Xm(2) = L

    Ns = 1
    Xs(1) = 0

    Call anti_power
    Call make_xo
End Sub
```

4.2 등분포하중이 작용하는 경우

엑셀 예제 4-2

그림 4.4에 보이는 바와 같이 보의 전체길이에 걸쳐서 등분포하중이 작용하는 경우의 캔틸레버보의 휨모멘트 M_x 및 전단력 S_x를 엑셀에서 계산한다.

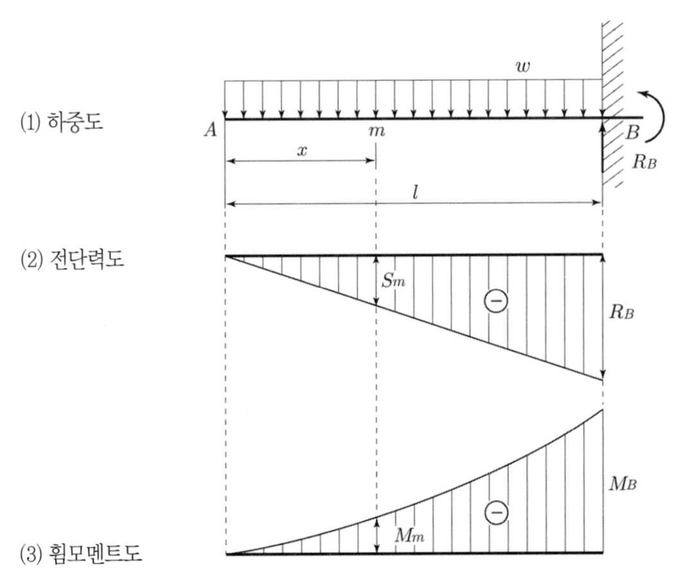

그림 4.4 등분포하중이 부분적으로 작용하는 캔틸레버보의 계산결과도

• **반력**

$$R_B = (\text{전하중}) = -wl$$

$$M_B = -wl \cdot \frac{l}{2} = -\frac{wl^2}{2}$$

• 전단력

임의점 m에서의 전단력은

$$S_m = -wx$$

$$x = 0 \text{의 경우 } S_m = S_A = 0$$

$$x = l \text{의 경우 } S_m = S_B = -wl = -R_B$$

가 된다.

전단력도는 S_m의 식이 x의 1차식이므로 직선적으로 변화한다.

• 휨모멘트

임의점 m에서의 휨모멘트는

$$M_m = -wx \cdot \frac{x}{2} = -\frac{wx^2}{2}$$

$$x = 0 \text{의 경우 } M_m = M_A = 0$$

$$x = l \text{의 경우 } M_m = M_B = -\frac{wl^2}{2}$$

가 된다.

계산예제로서 l=6.0m, 등분포하중 w=20.0kN/m으로 계산을 수행한다.

엑셀의 입력화면 및 계산결과 화면은 그림 4.5 및 그림 4.6에 나타낸다. 계속해서 프로그램 리스트를 표시한다.

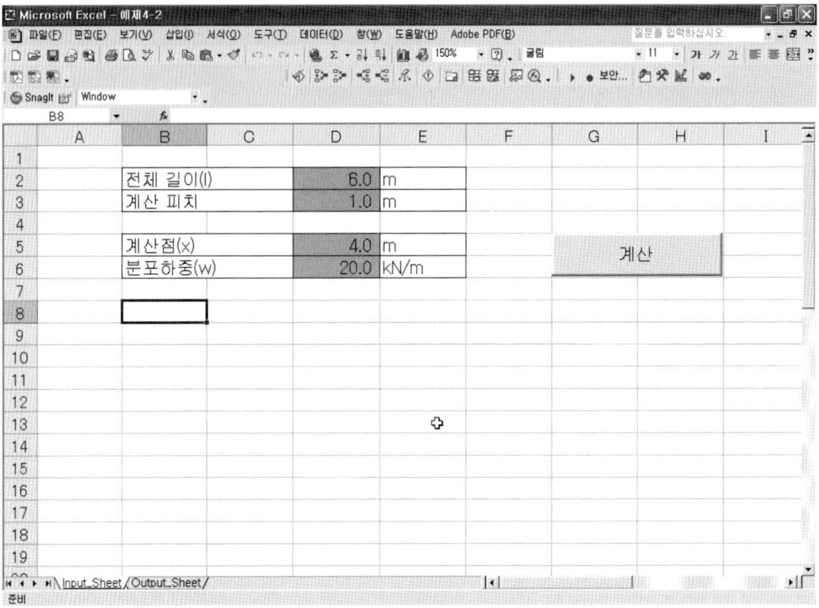

Microsoft Excel - 예제4-2

파일(F) 편집(E) 보기(V) 삽입(I) 서식(O) 도구(T) 데이터(D) 창(W) 도움말(H) Adobe PDF(B) 질문을 입력하십시오.

150% 굴림 11 가 가 가 보안...

Snagit Window

B8 fx

	A	B	C	D	E	F	G	H	I
1									
2		전체 길이(l)		6.0	m				
3		계산 피치		1.0	m				
4									
5		계산점(x)		4.0	m		계산		
6		분포하중(w)		20.0	kN/m				
7									
8									
9									
10									
11									
12									
13									
14									
15									
16									
17									
18									
19									

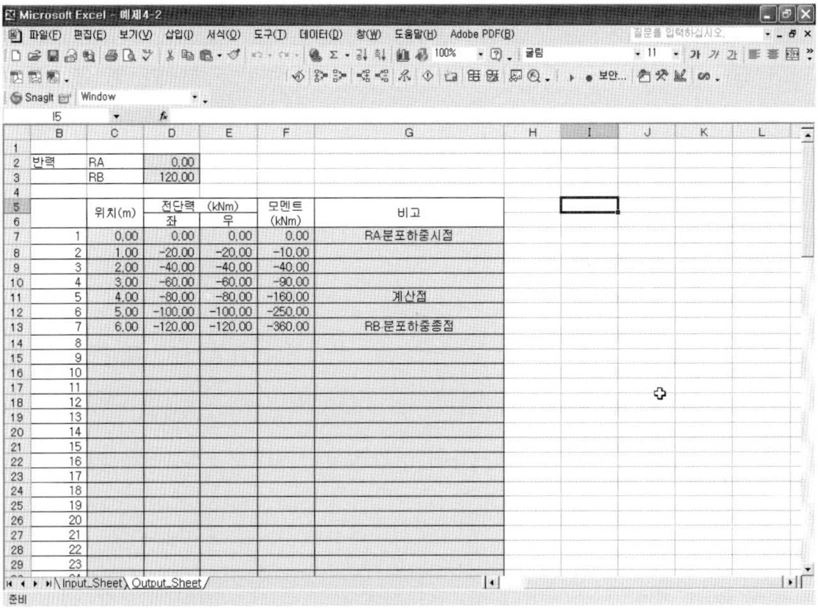

Input_Sheet / Output_Sheet

준비

그림 4.5 엑셀 예제 4-2 (입력)

Microsoft Excel - 예제4-2

파일(F) 편집(E) 보기(V) 삽입(I) 서식(O) 도구(T) 데이터(D) 창(W) 도움말(H) Adobe PDF(B) 질문을 입력하십시오.

100% 굴림 11 가 가 가 보안...

Snagit Window

I5 fx

	B	C	D	E	F	G	H	I	J	K	L
1											
2	반력	RA	0.00								
3		RB	120.00								
4											
5		위치(m)	전단력 (kNm)		모멘트 (kNm)	비고					
6			좌	우							
7	1	0.00	0.00	0.00	0.00	RA 분포하중시점					
8	2	1.00	-20.00	-20.00	-10.00						
9	3	2.00	-40.00	-40.00	-40.00						
10	4	3.00	-60.00	-60.00	-90.00						
11	5	4.00	-80.00	-80.00	-160.00	계산점					
12	6	5.00	-100.00	-100.00	-250.00						
13	7	6.00	-120.00	-120.00	-360.00	RB 분포하중종점					
14	8										
15	9										
16	10										
17	11										
18	12										
19	13										
20	14										
21	15										
22	16										
23	17										
24	18										
25	19										
26	20										
27	21										
28	22										
29	23										

Input_Sheet / Output_Sheet

준비

그림 4.6 엑셀 예제 4-2 (결과)

프로그램 리스트

```
Dim W1 As Double

Private Sub CommandButton1_Click()
    Call initialize

    Nk = 1
    L = Range("D2")
    Pk = Range("D3")
    Xk(1) = Range("D5")

    W1 = Range("D6")

    XRa = 0
    XRb = L

    Call make_data
    Call output_sheet
End Sub

Private Sub anti_power() '반력의 계산
    Ra = 0
    Rb = W1 * L
End Sub

Public Function shearing_force(X As Double) As Double '전단력의 계산
    shearing_force = -W1 * X
End Function

Public Function bending_moment(X As Double) As Double '휨모멘트의 계산
    bending_moment = -(W1 * X * X) / 2#
End Function

Private Sub make_data()
    Nm = 2
    Xm(1) = 0#
    Xm(2) = L

    Nb = 1
    Xb(1) = 0
    Lb(1) = L

    Call anti_power
    Call make_xo
End Sub
```

4.3 삼각형분포하중이 작용하는 경우

엑셀 예제 4-3

그림 4.7에 보이는 바와 같이 보의 전체길이에 걸쳐서 등분포하중이 작용하는 경우의 캔틸레버보의 휨모멘트 M_x 및 전단력 S_x를 엑셀에서 계산한다.

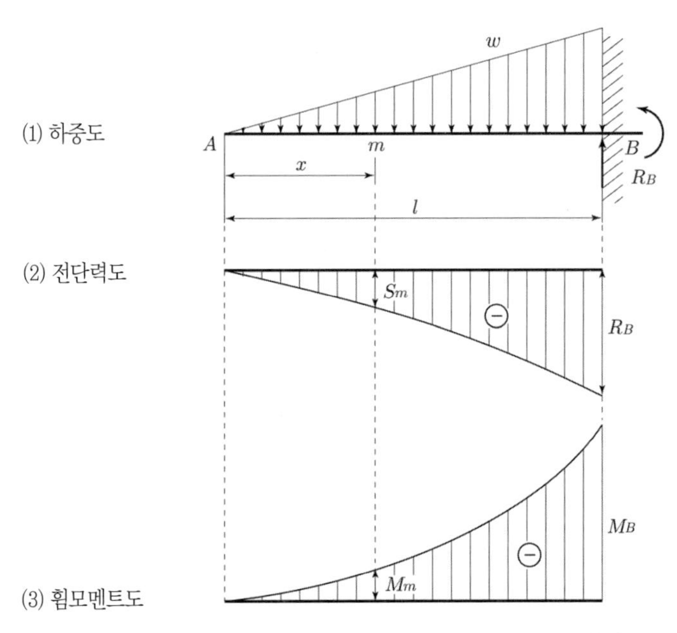

그림 4.7 삼각형하중이 작용하는 캔틸레버보의 계산결과도

- **반력**

$$R_B = (\text{전하중}) = wl \cdot \frac{1}{2} = \frac{wl}{2}$$

$$M_B = -\frac{wl}{2} \cdot \frac{l}{3} = -\frac{wl^2}{6}$$

• **전단력**

임의점 m에서의 전단력은

$$S_m = -\frac{wx}{l} \cdot x \cdot \frac{1}{2} = -\frac{wx^2}{2l}$$

$$x = 0 \text{의 경우 } S_m = S_A = 0$$

$$x = l \text{의 경우 } S_m = S_B = -\frac{wl}{2} = -R_B$$

가 된다.

• **휨모멘트**

임의점 m에서의 휨모멘트는

$$M_m = -\frac{wx^2}{2l} \cdot \frac{x}{3} = -\frac{wx^3}{6l}$$

$$x = 0 \text{의 경우 } M_m = M_A = 0$$

$$x = l \text{의 경우 } M_m = M_B = -\frac{wl^2}{6}$$

가 된다.

계산예제로서 l=5.0m, 삼각형분포하중 w=30.0kN/m으로 계산을 수행한다. 엑셀의 입력화면 및 계산결과 화면은 그림 4.8 및 그림 4.9에 나타낸다. 계속해서 프로그램 리스트를 표시한다.

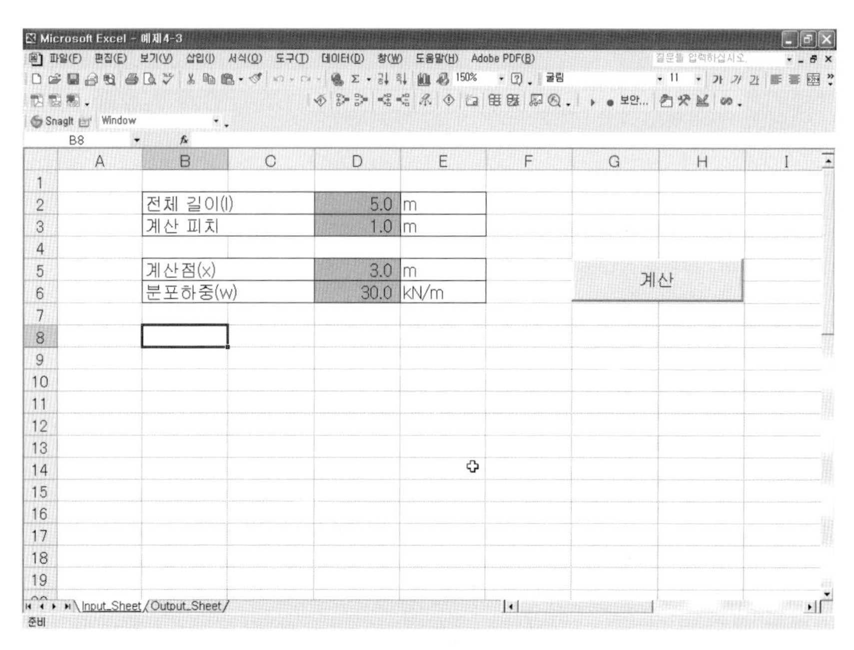

그림 4.8 엑셀 예제 4-3 (입력)

Microsoft Excel - 예제4-3

파일(F) 편집(E) 보기(V) 삽입(I) 서식(O) 도구(T) 데이터(D) 창(W) 도움말(H) Adobe PDF(B)

100% 굴림 11 보안...

SnagIt Window

I5

	B	C	D	E	F	G
1						
2	반력	RA	0.00			
3		RB	75.00			
4						
5		위치(m)	전단력 (kNm)		모멘트 (kNm)	비고
6			좌	우		
7	1	0.00	0.00	0.00	0.00	RA분포하중시점
8	2	1.00	-3.00	-3.00	-1.00	
9	3	2.00	-12.00	-12.00	-8.00	
10	4	3.00	-27.00	-27.00	-27.00	계산점
11	5	4.00	-48.00	-48.00	-64.00	
12	6	5.00	-75.00	-75.00	-125.00	RB분포하중종점
13	7					
14	8					
15	9					
16	10					
17	11					
18	12					
19	13					
20	14					
21	15					
22	16					
23	17					
24	18					
25	19					
26	20					
27	21					
28	22					
29	23					

Input_Sheet Output_Sheet

준비

그림 4.9 엑셀 예제 4-3 (결과)

프로그램 리스트

```
Dim W1 As Double

Private Sub CommandButton1_Click()
    Call initialize

    Nk = 1
    L = Range("D2")
    Pk = Range("D3")
    Xk(1) = Range("D5")

    W1 = Range("D6")

    XRa = 0
    XRb = L

    Call make_data
    Call output_sheet
End Sub

Private Sub anti_power() '반력의 계산
    Ra = 0
    Rb = W1 * L / 2#
End Sub

Public Function shearing_force(X As Double) As Double '전단력의 계산
    shearing_force = -(W1 * X ^ 2) / (2# * L)
End Function

Public Function bending_moment(X As Double) As Double '휨모멘트의 계산
    bending_moment = -(W1 * X ^ 3) / (6# * L)
End Function

Private Sub make_data()
    Nm = 2
    Xm(1) = 0#
    Xm(2) = L

    Nb = 1
    Xb(1) = 0
    Lb(1) = L

    Call anti_power
    Call make_xo
End Sub
```

단순보가 지점으로부터 더 횡방향으로 돌출된 보를 내민보라고 한다. 내민보는 양쪽 지점으로부터 보가 돌출되어 있는 양단내민보와 한쪽 지점만 보가 돌출되어 있는 일단내민보가 있다.

5.1 집중하중이 작용하는 일단내민보

엑셀 예제 5-1

그림 5.1에 보이는 바와 같은 일단내민보에 집중하중이 작용하는 경우의 휨모멘트 M_x 및 전단력 S_x를 엑셀에서 계산한다.

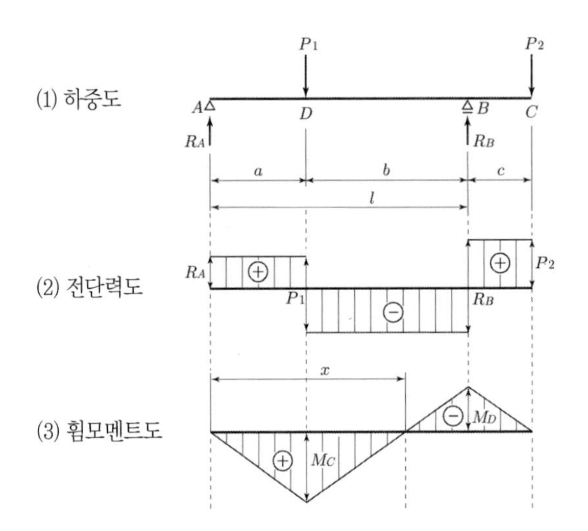

그림 5.1 집중하중이 작용하는 일단내민보의 계산결과도

• 반력

$$\Sigma M_B = R_A l - P_1 b + P_2 c = 0$$

$$\therefore\ R_A = \frac{1}{l}(P_1 b - P_2 c)$$

$$\Sigma M_A = - R_B l + P_1 a + P_2 (l + c) = 0$$

$$\therefore\ R_B = \frac{1}{l}\{P_1 a + P_2 (l + c)\}$$

• 전단력

$$S_{A \sim D} = R_A$$

$$S_{D \sim B} = R_A - P_1$$

$$S_{B \sim C} = R_A - P_1 + R_B = P_2$$

• **휨모멘트**

$$M_A = 0$$

$$M_D = R_A a$$

$$M_B = R_A l - P_1 b = - P_2 c$$

$$M_C = 0$$

휨모멘트의 정(+)부(-)가 변하는 점에서 보의 변형상태가 반대로 된다. 이 휨모멘트가 정으로부터 부로 바뀌는 점을 변곡점이라고 한다.

지점 A로부터 변곡점의 위치 x는

$$R_A x - P_1 (x - a) = 0 \qquad \therefore x = \frac{P_1 a}{P_1 - R_A}$$

단, 지간내의 하중이 작아지고 내민부분의 하중이 큰 경우 등, 하중의 작용상태에 따라서 정의 휨모멘트가 발생하지 않는 경우도 있다.

계산예제로서 l=10.0m, 집중하중 P_1=30.0kN을 A점으로부터 3.0m, P_2=30.0kN을 C점으로부터 2.0m의 위치에 작용시킨 경우에 대해서 계산을 수행한다.

이 경우의 엑셀의 입력화면 및 계산결과 화면은 그림 5.2 및 그림 5.3에 나타낸다. 계속해서 프로그램 리스트를 표시한다.

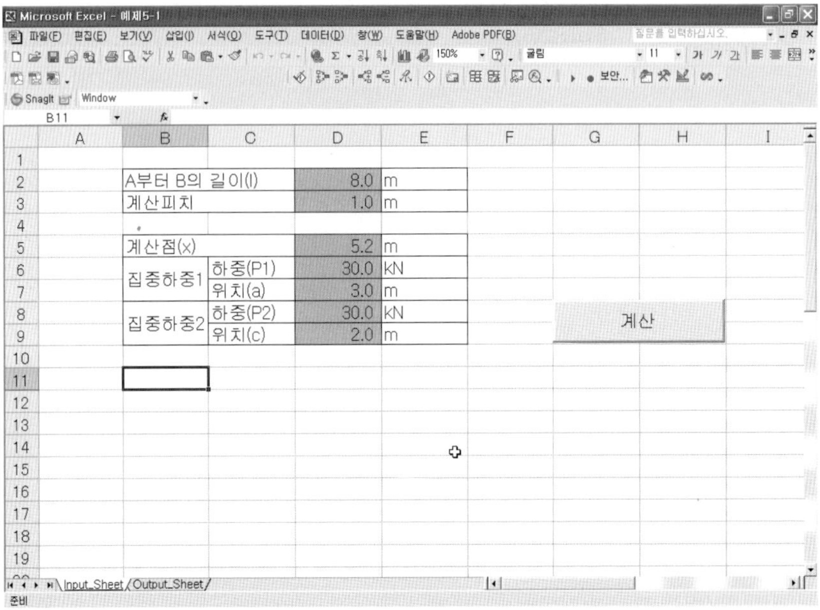

A부터 B의 길이(l)		8.0	m
계산피치		1.0	m
계산점(x)		5.2	m
집중하중1	하중(P1)	30.0	kN
	위치(a)	3.0	m
집중하중2	하중(P2)	30.0	kN
	위치(c)	2.0	m

계산

Input_Sheet / Output_Sheet

그림 5.2 엑셀 예제 5-1 (입력)

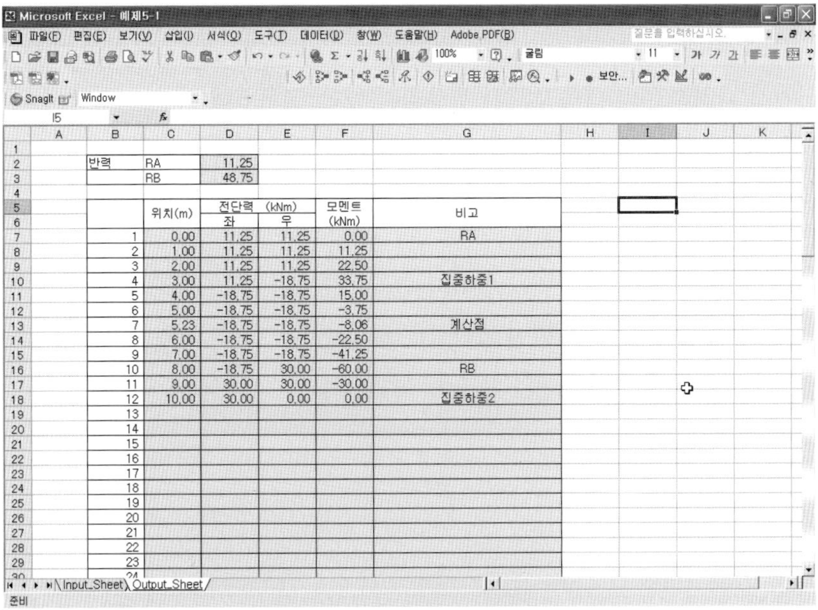

반력	RA	11.25
	RB	48.75

	위치(m)	전단력 (kNm) 좌	우	모멘트 (kNm)	비고
1	0.00	11.25	11.25	0.00	RA
2	1.00	11.25	11.25	11.25	
3	2.00	11.25	11.25	22.50	
4	3.00	11.25	-18.75	33.75	집중하중1
5	4.00	-18.75	-18.75	15.00	
6	5.00	-18.75	-18.75	-3.75	
7	5.23	-18.75	-18.75	-8.06	계산점
8	6.00	-18.75	-18.75	-22.50	
9	7.00	-18.75	-18.75	-41.25	
10	8.00	-18.75	30.00	-60.00	RB
11	9.00	30.00	30.00	-30.00	
12	10.00	30.00	0.00	0.00	집중하중2
13					
14					
15					
16					
17					
18					
19					
20					
21					
22					
23					
24					

Input_Sheet / Output_Sheet

그림 5.3 엑셀 예제 5-1 (결과)

프로그램 리스트

```
Dim P1 As Double
Dim P2 As Double
Dim A As Double
Dim B As Double
Dim C As Double

Private Sub CommandButton1_Click()
    Call initialize

    Nk = 1
    L = Range("D2")
    Pk = Range("D3")
    Xk(1) = Range("D5")

    P1 = Range("D6")
    A = Range("D7")
    P2 = Range("D8")
    C = Range("D9")
    B = L - A

    XRa = 0
    XRb = L

    Call make_data
    Call output_sheet
End Sub

Private Sub anti_power() '반력의 계산
    Ra = (P1 * B - P2 * C) / L
    Rb = (P1 * A + P2 * (L + C)) / L
End Sub

Public Function shearing_force(X As Double) As Double '전단력의 계산
    If (X < A) Then
        shearing_force = Ra
    ElseIf (X < L) Then
        shearing_force = Ra - P1
    ElseIf (X < L + C) Then
        shearing_force = P2
    Else
        shearing_force = 0#
```

```
    End If
End Function

Public Function bending_moment(X As Double) As Double '휨모멘트의 계산
    If (X < A) Then
        bending_moment = Ra * X
    ElseIf (X < L) Then
        bending_moment = Ra * X - P1 * (X - A)
    ElseIf (X < L + C) Then
        bending_moment = Ra * X - P1 * (X - A) + Rb * (X - L)
    Else
        bending_moment = 0#
    End If
End Function

Private Sub make_data()
    Nm = 3
    Xm(1) = 0#
    Xm(2) = L
    Xm(3) = L + C
    Ns = 2
    Xs(1) = A
    Ps(1) = P1
    Xs(2) = L + C
    Ps(2) = P2

    Call anti_power
    Call make_xo
End Sub
```

5.2 등분포하중이 작용하는 일단내민보

엑셀 예제 5-2

그림 5.4에 보이는 바와 같은 보의 전체길이에 등분포하중이 작용하는 경우의 일단내민보의 휨모멘트 M_x 및 전단력 S_x를 엑셀에서 계산한다.

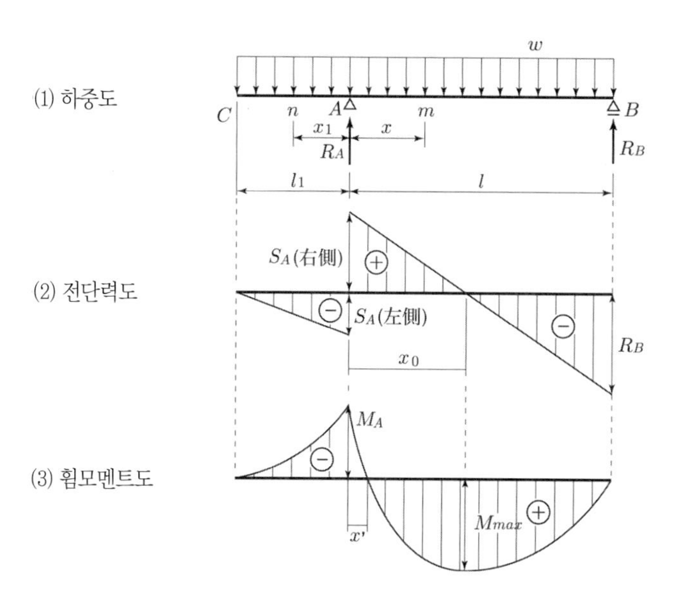

그림 5.4 등분포하중이 작용하는 일단내민보의 계산결과도

• **반력**

$$\Sigma M_B = R_A l - w(l+l_1) \cdot \frac{(l+l_1)}{2} = 0$$

$$\therefore \ R_A = \frac{w(l_1+l_1)^2}{2l}$$

$$\Sigma M_A = - R_B l - wl\frac{l}{2} - wl_1 \cdot \frac{l_1}{2} = 0$$

$$\therefore\ R_B = \frac{1}{l}\left(\frac{wl^2}{2} - \frac{wl_1^2}{2}\right) = \frac{w\left(l^2 - l_1^2\right)}{2l}$$

• **전단력**

CA 구간의 임의점 n에 있어의 전단력 S_n은

$$S_n = -w(l_1 + x) + R_A$$

$$x = 0\text{의 경우 } S_n = S_{A(\text{우측})} = -wl_1 + R_A$$

$$x = l\text{의 경우 } S_n = S_B = -w(l_1 + l) + R_A = -R_B$$

가 된다.

전단력이 0이 되는 점은

$$-wl_1 + R_A - wx_0 = 0\text{이므로 } x_0 = \frac{R_A - wl_1}{q}$$

가 된다.

• **휨모멘트**

CA 구간의 임의점 n에서의 휨모멘트 M_n은

$$M_n = -w(l_1 - x) \bullet \frac{(l_1 - x_1)}{2} = -\frac{w(l_1 - x_1)^2}{2}$$

$$x_1 = l_1\text{의 경우 } M_n = M_C = 0$$

$$x_1 = 0\text{의 경우 } M_n = M_A = -\frac{wl_1^2}{2}$$

가 된다.

AB 구간의 임의점 m에서의 휨모멘트 M_m은

$$M_m = -w(l_1 + x) \cdot \frac{(l_1 + x)}{2} + R_A x$$

$$x = 0 \text{의 경우 } M_m = M_A = -\frac{wl^2}{2}$$

$$x = l \text{의 경우 } M_m = M_B = -\frac{w(l_1 + l)^2}{2} + R_A l = 0$$

가 된다.

지점 A로부터 변곡점의 위치 x'는

$$-w(l_1 + x') \cdot \frac{(l_1 + x')}{2} + R_A x' = 0 \text{이므로 } x' \text{를 구한다.}$$

계산예제로서 전체길이 l=7.0m, 등분포하중 w=20.0kN로서 계산을 행한다.

이 경우의 엑셀의 입력화면 및 계산결과 화면은 그림 5.5 및 그림 5.6에 나타낸다. 계속해서 프로그램 리스트를 표시한다.

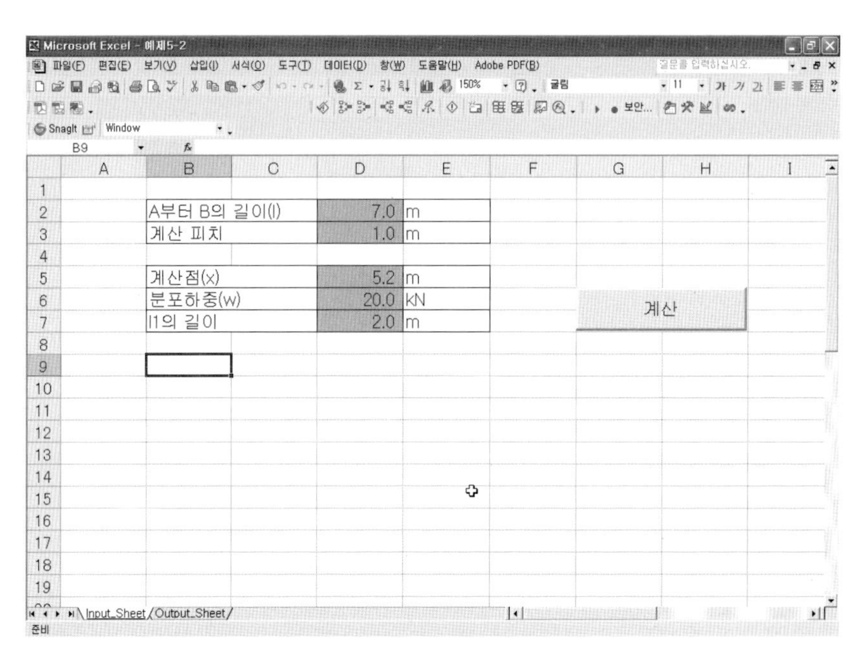

그림 5.5 엑셀 예제 5-2 (입력)

반력	RA	115.71
	RB	64.29

	위치(m)	전단력 (kNm)		모멘트 (kNm)	비고
		좌	우		
1	0.00	0.00	0.00	0.00	분포하중시점
2	1.00	-20.00	-20.00	-10.00	
3	2.00	-40.00	75.71	-40.00	RA
4	3.00	55.71	55.71	25.71	
5	4.00	35.71	35.71	71.43	
6	5.00	15.71	15.71	97.14	
7	5.23	11.11	11.11	100.23	계산점
8	6.00	-4.29	-4.29	102.86	
9	7.00	-24.29	-24.29	88.57	
10	8.00	-44.29	-44.29	54.29	
11	9.00	-64.29	-64.29	0.00	RB:분포하중종점
12					
13					
14					
15					
16					
17					
18					
19					
20					
21					
22					
23					

그림 5.6 엑셀 예제 5-2 (결과)

프로그램 리스트

```
Dim W1 As Double
Dim L1 As Double

Private Sub CommandButton1_Click()
    Call initialize

    Nk = 1
    L = Range("D2")
    Pk = Range("D3")
    Xk(1) = Range("D5")

    W1 = Range("D6")
    L1 = Range("D7")

    XRa = L1
    XRb = L1 + L

    Call make_data
    Call output_sheet
End Sub

Private Sub anti_power() '반력의 계산
    Ra = (W1 * (L + L1) ^ 2) / (2 * L)
    Rb = (W1 * (L ^ 2 - L1 ^ 2)) / (2 * L)
End Sub

Public Function shearing_force(X As Double) As Double '전단력의 계산
    If (X < L1) Then
        shearing_force = -W1 * X
    ElseIf (X <= L1 + L) Then
        shearing_force = -W1 * X + Ra
    Else
        shearing_force = 0#
    End If
End Function

Public Function bending_moment(X As Double) As Double '휨모멘트의 계산
    If (X <= L1) Then
        bending_moment = -(W1 * X ^ 2) / 2#
    ElseIf (X <= L1 + L) Then
        bending_moment = -(W1 * X) * (X / 2#) + Ra * (X - L1)
```

```
    Else
        bending_moment = 0#
    End If
End Function

Private Sub make_data()
    Nm = 3
    Xm(1) = 0#
    Xm(2) = L1
    Xm(3) = L1 + L
    Nb = 1
    Xb(1) = 0
    Lb(1) = L1 + L

    Call anti_power
    Call make_xo
End Sub
```

5.3 집중하중이 작용하는 양단내민보

엑셀 예제 5-3

그림 5.7에 보이는 바와 같은 복수의 집중하중이 작용하는 경우의 양단내민보의 휨모멘트 M_x 및 전단력 S_x를 엑셀에서 계산한다.

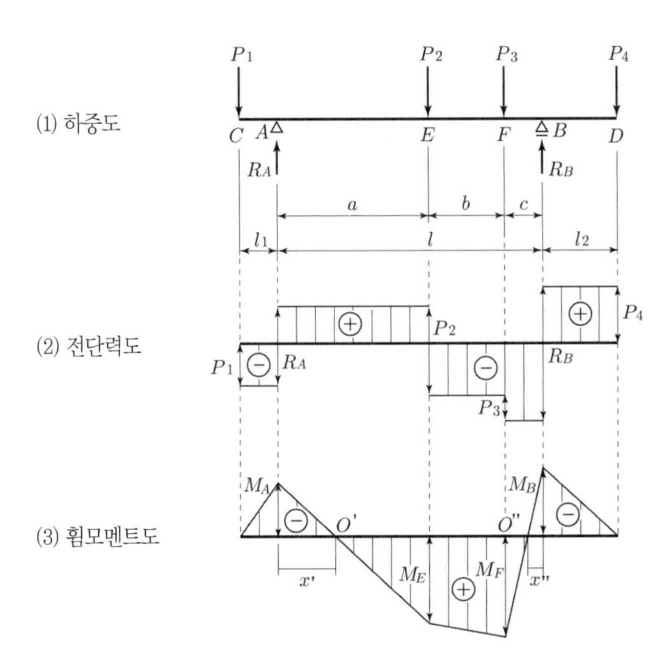

그림 5.7 집중하중이 작용하는 양단내민보의 계산결과도

여기서는 3장, 4장, 5장에서 작성한 엑셀 프로그램을 결합하여 더욱 범용의 프로그램을 작성하여 계산한다.

단, 동일 프로그램은 임의 수의 집중하중 및 임의의 분포하중(등분포, 삼각형분포, 사다리꼴 분포)에도 대응 가능하도록 되어 있다.

여기서는 계산예제로서 보의 전체길이 l=29.0m, 집중하중을 4개로 계산을 수행한다. 이 때, P_1=20.0kN, P_2=15.0kN, P_3=25.0kN, P_4=10.0kN로서 각각의 작용위치를 C점으로부터 0.0m, 3.0m, 7.0m, 9.0m로 하였다.

엑셀의 입력화면 및 계산결과 화면은 그림 5.8 및 그림 5.9에 나타낸다. 계속해서 프로그램 리스트를 표시한다.

Microsoft Excel - 예제5-3

항목	값	단위
전체 길이	9.0	m
계산피치	1.0	m
계산점의 개수	1	개
집중하중의 개수	4	개
사다리꼴 분포하중의 개수	0	개
A	2.0	m
B	8.0	m

계산

	계산점	집중하중		사다리꼴분포하중			
	위치 (m)	하중(kN)	위치 (m)	시점하중 (kN/m)	종점하중 (kN/m)	위치 (m)	길이 (m)
1	5.50	20.00	0.00				
2		15.00	3.00				
3		25.00	7.00				
4		10.00	9.00				
5							
6							
7							
8							
9							
10							
11							
12							
13							
14							
15							
16							

Input_Sheet / Output_Sheet

그림 5.8 엑셀 예제 5-3 (입력)

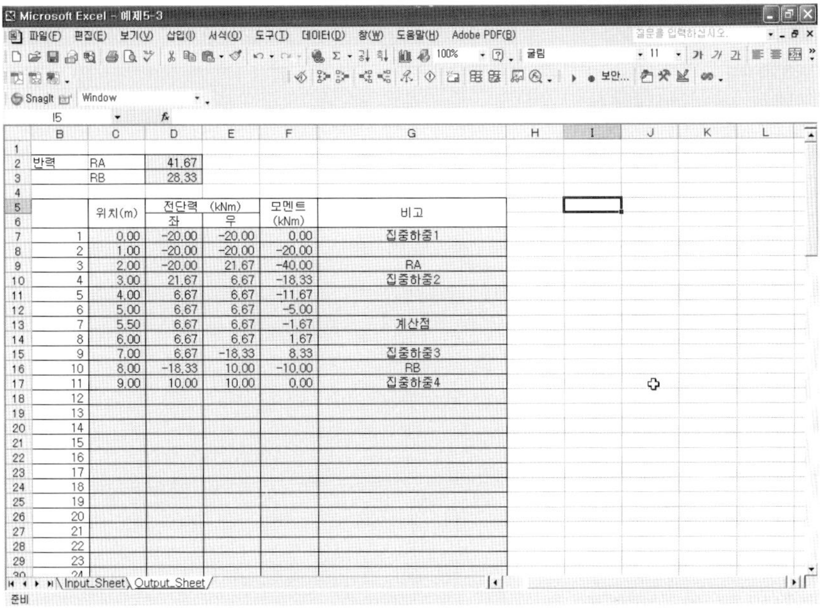

	B	C	D	E	F	G
1						
2	반력	RA	41.67			
3		RB	28.33			
4						
5		위치(m)	전단력 (kNm)		모멘트 (kNm)	비고
6			좌	우		
7	1	0.00	-20.00	-20.00	0.00	집중하중1
8	2	1.00	-20.00	-20.00	-20.00	
9	3	2.00	-20.00	21.67	-40.00	RA
10	4	3.00	21.67	6.67	-18.33	집중하중2
11	5	4.00	6.67	6.67	-11.67	
12	6	5.00	6.67	6.67	-5.00	
13	7	5.50	6.67	6.67	-1.67	계산점
14	8	6.00	6.67	6.67	1.67	
15	9	7.00	6.67	-18.33	8.33	집중하중3
16	10	8.00	-18.33	10.00	-10.00	RB
17	11	9.00	10.00	10.00	0.00	집중하중4
18	12					
19	13					
20	14					
21	15					
22	16					
23	17					
24	18					
25	19					
26	20					
27	21					
28	22					
29	23					

그림 5.9 엑셀 예제 5-3 (결과)

프로그램 리스트

```
Private Sub CommandButton1_Click()
    Dim i As Integer

    Call initialize

    L = Range("D2")
    Pk = Range("D3")
    Nk = Range("D5")
    Ns = Range("D6")
    Nb = Range("D7")
    XRa = Range("D9")
    XRb = Range("D10")

    For i = 1 To Nk
        Xk(i) = Cells(15 + (i - 1), 3)
    Next i

    For i = 1 To Ns
        Ps(i) = Cells(15 + (i - 1), 4)
        Xs(i) = Cells(15 + (i - 1), 5)
    Next i

    For i = 1 To Nb
        Sb(i) = Cells(15 + (i - 1), 6)
        Eb(i) = Cells(15 + (i - 1), 7)
        Xb(i) = Cells(15 + (i - 1), 8)
        Lb(i) = Cells(15 + (i - 1), 9)
    Next i

    Call make_data
    Call output_sheet

End Sub
Private Sub anti_power() '반력의 계산
    Dim i As Integer
    Dim ab As Double, GK As Double
    Dim P1 As Double, S1 As Double

    ab = XRb - XRa
    GK = 0#
    Ra = 0#
```

```
    For i = 1 To Nm '집중하중
        Ra = Ra + (XRb - Xm(i)) * Pm(i)
        GK = GK + Pm(i)
    Next i

    For i = 1 To Nm - 1 '분포하중
        Call calc_trapezoid(Xm(i), Xm(i + 1), Sm(i), Em(i), P1, S1)
        Ra = Ra + (XRb - S1) * P1
        GK = GK + P1
    Next i

    Ra = Ra / ab
    Rb = GK - Ra
End Sub

Public Function shearing_force(X As Double) As Double '전단력의 계산
    Dim i As Integer, h1 As Double
    Dim P1 As Double, S1 As Double, sf As Double

    sf = -Pm(1)
    For i = 2 To Nm
        If (Xm(i) > X) Then Exit For
        sf = sf - Pm(i) '집중하중
        Call calc_trapezoid(Xm(i - 1), Xm(i), Sm(i - 1), Em(i - 1), P1, S1)
        sf = sf - P1 '분포하중
    Next i

    h1 = prop_dis(Xm(i - 1), Xm(i), X, Sm(i - 1), Em(i - 1))
    Call calc_trapezoid(Xm(i - 1), X, Sm(i - 1), h1, P1, S1)
    sf = sf - P1 '분포하중
    If (X = L) Then sf = sf + Pm(Nm)

    shearing_force = sf
End Function

Public Function bending_moment(X As Double) As Double '휨모멘트의 계산
    Dim r As Double, T As Double
    Dim i As Integer, j As Integer
    Dim L1 As Double, L2 As Double, L3 As Double
    Dim P1 As Double, S1 As Double, h1 As Double

    r = 0#
```

```
    i = 0

    Do
        i = i + 1
        If (Xm(i) > X) Then L3 = X Else L3 = Xm(i)

        L2 = L3 - Xm(i - 1)

        For j = 1 To i - 2
            L1 = Xm(j + 1) - Xm(j)
            r = r - Pm(j) * L2                    '집중하중
            Call calc_trapezoid(Xm(j), Xm(j + 1), Sm(j), Em(j), P1, S1)
            r = r - (P1 * L2)                    '등분포하중
        Next j

        If (i > 1) Then
            r = r - Pm(i - 1) * L2               '집중하중
            h1 = prop_dis(Xm(i - 1), Xm(i), L3, Sm(i - 1), Em(i - 1))
            Call calc_trapezoid(Xm(i - 1), L3, Sm(i - 1), h1, P1, S1)
            r = r - P1 * (L3 - S1)               '등분포하중
        End If

    Loop While (Xm(i) < X And i < Nm)

    bending_moment = r
End Function

Sub calc_trapezoid(ByVal Xs As Double, ByVal XE As Double, _
                   ByVal WS As Double, ByVal WE As Double, _
                   ByRef P1 As Double, ByRef S1 As Double) '사다리꼴형의
계산
    Dim h As Double

    h = (XE - Xs)
    P1 = (WS + WE) * h / 2#

    If (WS + WE) = 0 Then
        S1 = 0
    ElseIf (WS < WE) Then
        S1 = Xs + (h / 3#) * (2 * WE + WS) / (WS + WE)
    Else
        S1 = Xs + (h / 3#) * (2 * WS + WE) / (WS + WE)
    End If
```

```
End Sub

Function prop_dis(sx As Double, ex As Double, ax As Double, _
                  WS As Double, WE As Double) As Double '비례배분
    prop_dis = WS + (ax - sx) / (ex - sx) * (WE - WS)

End Function


'계산용 데이터의 작성
Private Sub make_data()
    Dim ax As Double, sx As Double, ex As Double
    Dim pp As Double

    Nm = 0
    ax = 0#
    bw = False
    ip = 0

    For i = 1 To Nb
        sx = Xb(i)
        ex = sx + Lb(i)
        Call plusK(ax, sx, 0, 0)
        Call plusK(sx, ex, Sb(i), Eb(i))

        ax = ex
    Next i

    If ax < L Then Call plusK(ax, L, 0, 0)
    If L = Xs(Ns) Then pp = Ps(Ns) Else pp = 0

    Call plusSW(L, 0#, 0#, pp)
    If L = XRb Then Ib = Nm

    Call anti_power
    Pm(Ia) = Pm(Ia) - Ra
    Pm(Ib) = Pm(Ib) - Rb

    Call make_xo
End Sub

Sub plusK(ByVal sx As Double, ByVal ex As Double, _
        ByVal w1 As Double, ByVal w2 As Double)
```

```
    Dim WS As Double, WE As Double
    Dim i As Integer
    Dim ax As Double, bx As Double, pp As Double
    If sx = ex Then Exit Sub

    bc = True

    pp = 0
    ax = sx
    For i = 1 To Ns
        If Xs(i) > sx Then
            If (Xs(i) < ex) Then
                bx = Xs(i)
                WS = prop_dis(sx, ex, ax, w1, w2)
                WE = prop_dis(sx, ex, bx, w1, w2)
                Call plusR(ax, bx, WS, WE, pp)
                pp = Ps(i)
                ax = bx
            Else
                Exit For
            End If
        ElseIf Xs(i) = sx Then
            pp = Ps(i)
        End If
    Next i

    WS = prop_dis(sx, ex, ax, w1, w2)
    Call plusR(ax, ex, WS, w2, pp)
End Sub

Sub plusR(ByVal sx As Double, ByVal ex As Double, _
        ByVal w1 As Double, ByVal w2 As Double, _
        ByVal p As Double)
    Dim i As Integer, ww As Double

    If XRa = sx Then Ia = Nm + 1
    If XRb = sx Then Ib = Nm + 1

    If (XRa > sx And XRa < ex) Then
        ww = prop_dis(sx, ex, XRa, w1, w2)

        Call plusSW(sx, w1, ww, p)
        Ia = Nm + 1
```

```
        Call plusSW(XRa, ww, w2, 0#)
        Exit Sub
    End If

    If (XRb > sx And XRb < ex) Then
        ww = prop_dis(sx, ex, XRb, w1, w2)

        Call plusSW(sx, w1, ww, p)
        Ib = Nm + 1
        Call plusSW(XRb, ww, w2, 0#)
        Exit Sub
    End If

    Call plusSW(sx, w1, w2, p)
End Sub

Sub plusSW(X As Double, w1 As Double, w2 As Double, p As Double)
    If (Xm(Nm) < X Or Nm = 0) Then
        Nm = Nm + 1
        Pm(Nm) = p
        Sm(Nm) = w1
        Em(Nm) = w2
        Xm(Nm) = X
    End If
End Sub
```

제 6 장 부정정구조

6.1 부정정구조

보는 그 지지 방법에 따라 대체적으로 그림 6.1에 보이는 바와 같이 분류된다. 단순보, 캔틸레버보 및 내민보의 반력수는 3개밖에 없어서 평형의 3 조건식, 즉, $\Sigma H = 0$, $\Sigma V = 0$, $\Sigma M = 0$ 으로부터 반력을 구하는 것이 가능하고, 이와 같은 보를 정정보라고 한다.

■ 보의 종류

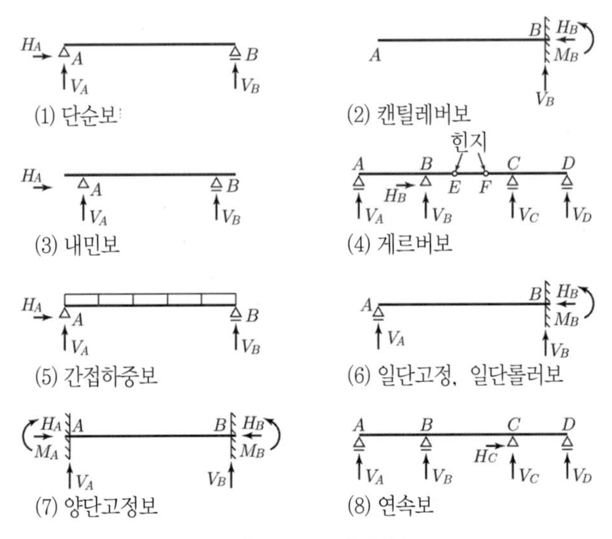

그림 6.1 보의 종류

이에 반하여 반력수가 3개을 넘어서 평형의 3 조건식만으로 반력을 구하는 것이 불가능한 보를 부정정보라고 한다. 이 때, 반력수를 r이라고 하고, $r-3$을 부정정차수라고 한다.

보가 정정인지 부정정인지를 판단하는 것은 식 (6.1)에 보이는 보의 판별식을 사용하여 판단한다. 식 (6.1)에 있어서 부정정차수 $n=0$으로 하는 보는 정정보, $n>0$으로 하는 보가 부정정보가 된다.

$$n = r - 3 - h \qquad (6.1)$$

n : 부정정차수

r : 반력의 총수

3 : 평형의 조건식수 ($\Sigma H=0$, $\Sigma V=0$, $\Sigma M=0$)

h : 보와 보를 힌지로 연결할 경우의 접속 힌지의 총수(내부힌지의 수)

그림 6.1의 보에 대해서 식 (6.1)을 적용하면 그림 6.2와 같이 된다.

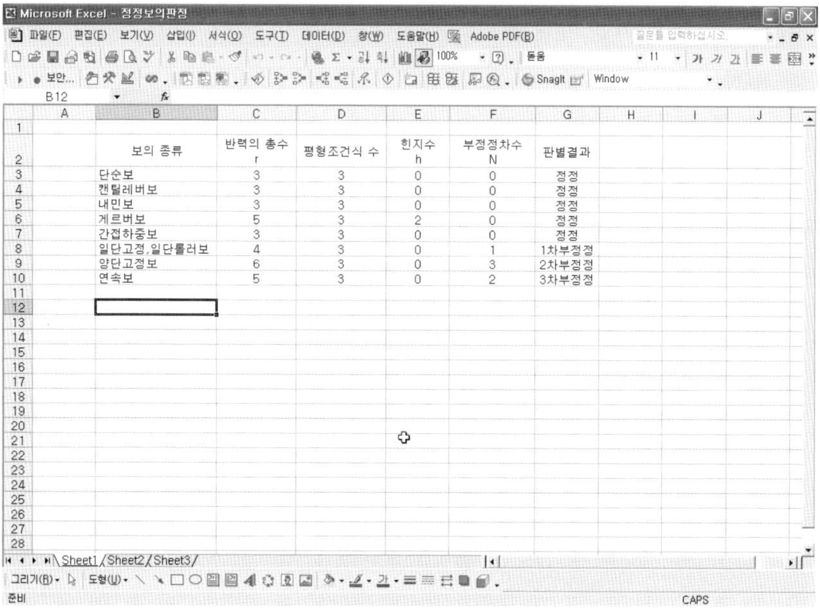

Microsoft Excel - 정정보의판정

파일(F) 편집(E) 보기(V) 삽입(I) 서식(O) 도구(T) 데이터(D) 창(W) 도움말(H) Adobe PDF(B)

100% 돋움 11 보안... SnagIt Window

B12

	A	B	C	D	E	F	G	H	I	J
1										
2		보의 종류	반력의 총수 r	평형조건식 수	힌지수 h	부정정차수 N	판별결과			
3		단순보	3	3	0	0	정정			
4		캔틸레버보	3	3	0	0	정정			
5		내민보	3	3	0	0	정정			
6		게르버보	5	3	2	0	정정			
7		간접하중보	3	3	0	0	정정			
8		일단고정,일단롤러보	4	3	0	1	1차부정정			
9		양단고정보	6	3	0	3	2차부정정			
10		연속보	5	3	0	2	3차부정정			
11										
12										
13										
14										
15										
16										
17										
18										
19										
20										
21										
22										
23										
24										
25										
26										
27										
28										

Sheet1 / Sheet2 / Sheet3

그리기(R) 도형(U)

준비 CAPS

그림 6.2 정정보의 판정

일단고정-일단롤러보, 양단고정보, 연속보는 모두 부정정보인 반면에, 게르버보의 경우는 반력수가 5개가 되지만 정정보가 된다.

6.2 간단한 부정정구조의 계산예

여기서는 2차원 라멘 계산 프로그램을 사용하여 몇 개의 간단한 부정정구조의 보를 계산한 예제를 보인다. 2차원 라멘 계산 프로그램의 제작 조작순서 및 프로그램의 개요는 다음에 나오는 6.3절 및 6.4절에서 설명하고 있다.

엑셀 예제 6-1

그림 6.3에 보이는 바와 같이 일단고정-타단롤러지점의 보에 집중하중이 작용하는 경우에 대해서 계산한다.

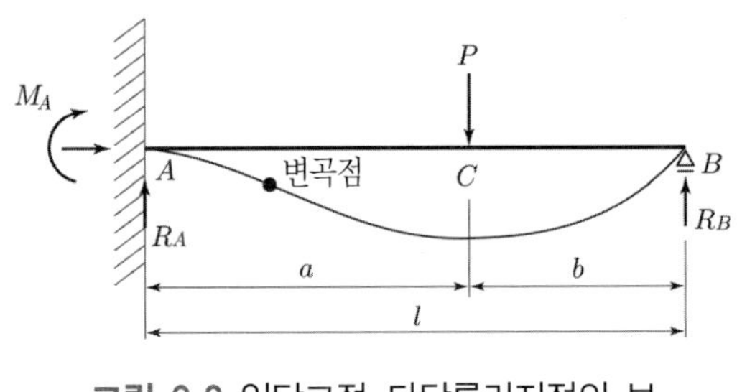

그림 6.3 일단고정-타단롤러지점의 보

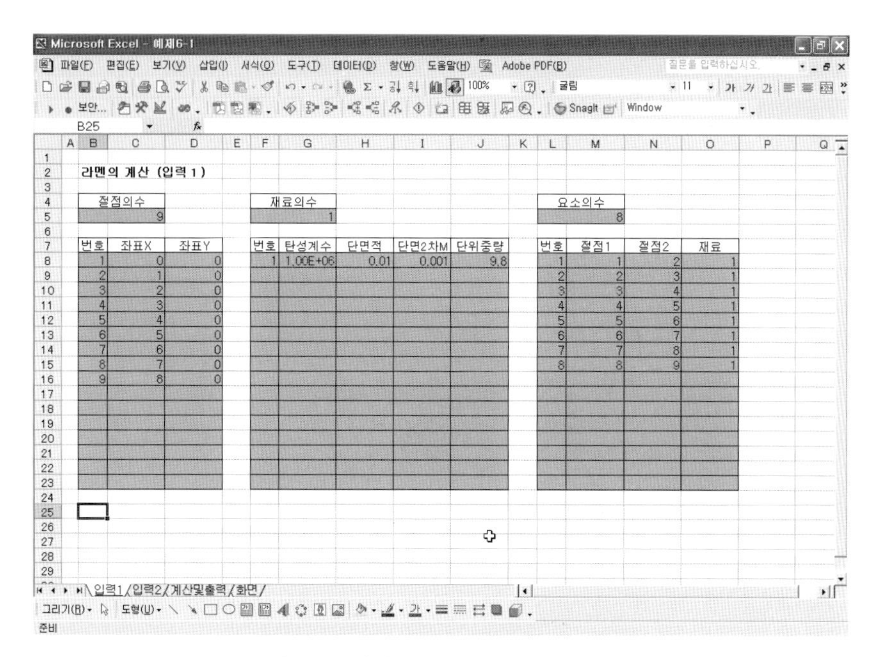

라멘의 계산 (입력 1)

절점의수
9

재료의수
1

요소의수
8

번호	좌표X	좌표Y
1	0	0
2	1	0
3	2	0
4	3	0
5	4	0
6	5	0
7	6	0
8	7	0
9	8	0

번호	탄성계수	단면적	단면2차M	단위중량
1	1.00E+06	0.01	0.001	9.8

번호	절점1	절점2	재료
1	1	2	1
2	2	3	1
3	3	4	1
4	4	5	1
5	5	6	1
6	6	7	1
7	7	8	1
8	8	9	1

그림 6.4 절점, 재료, 요소데이터 입력

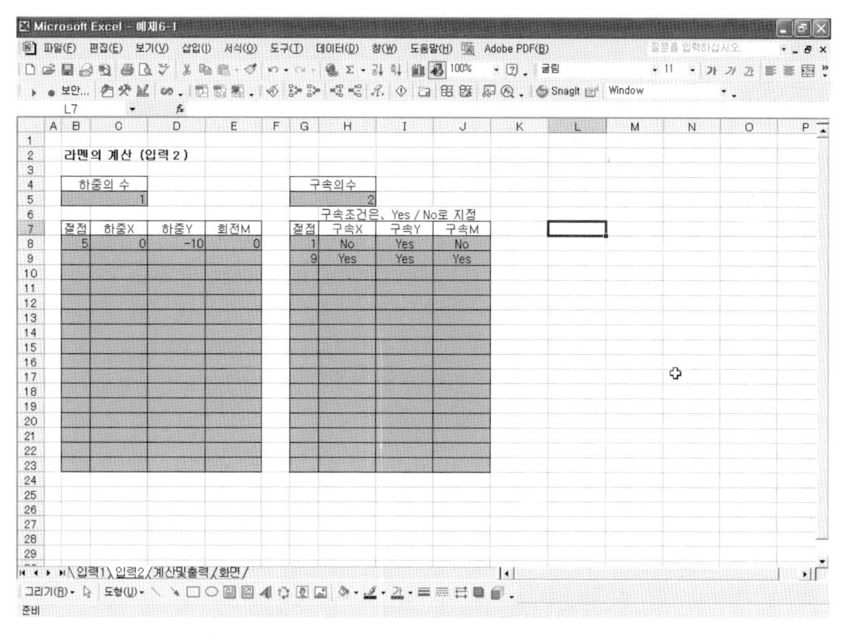

라멘의 계산 (입력 2)

하중의 수
1

구속의수
2

구속조건은、Yes / No로 지정

절점	하중X	하중Y	회전M
5	0	-10	0

절점	구속X	구속Y	구속M
1	No	Yes	No
9	Yes	Yes	Yes

그림 6.5 하중데이터, 구속조건의 입력

라멘의 계산 (계산·출력)

계산

절점	변위X	변위Y	회전각
1	0	0	-1,20581
2	0	-0,02048	-1,1088
3	0	-0,0376	-0,82151
4	0	-0,04808	-0,34955
5	0	-0,04876	0,301452
6	0	-0,03822	0,839413
7	0	-0,02181	0,972234
8	0	-0,00667	0,694301
9	0	0	0

요소	축력X	축력Y	모멘트	축력X	축력Y	모멘트
1	0	3,37	-0,00817	0	-3,37	3,378167
2	0	3,272	-3,37817	0	-3,272	6,650167
3	0	3,174	-6,65017	0	-3,174	9,824167
4	0	3,076	-9,82417	0	-3,076	12,90017
5	0	-7,022	-12,9002	0	7,022	5,878167
6	0	-7,12	-5,87817	0	7,12	-1,24183
7	0	-7,218	1,241833	0	7,218	-8,45983
8	0	-7,316	8,459833	0	7,316	-15,7758

그림 6.6 계산의 실행 및 결과 (수치데이터)

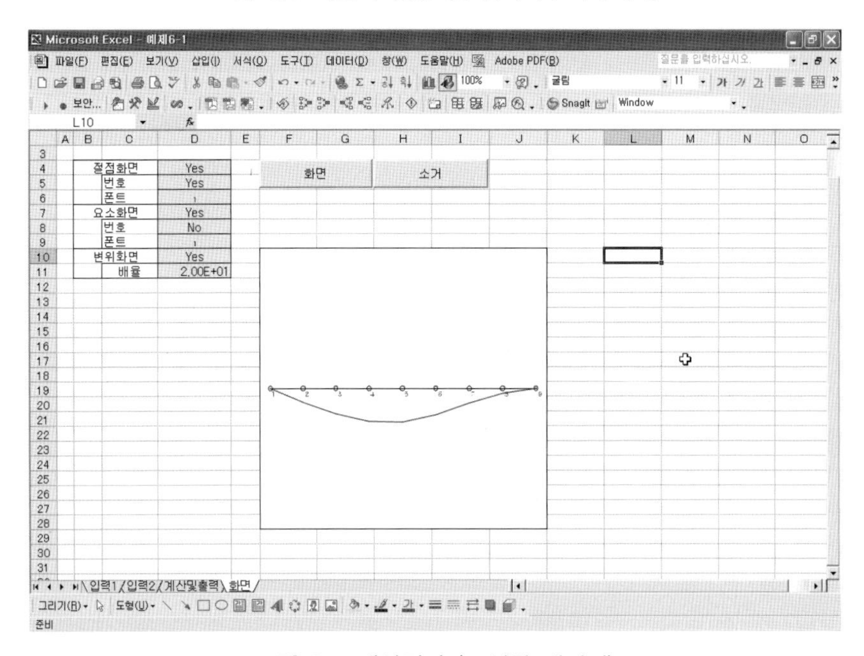

그림 6.7 계산결과 (도식화 데이터)

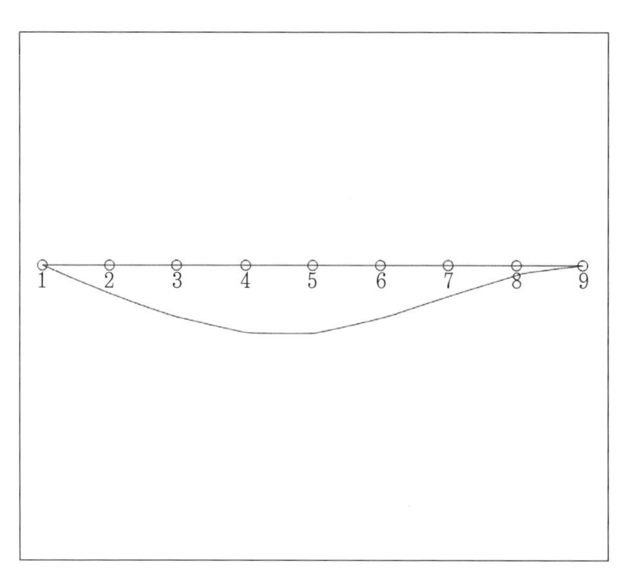

그림 6.8 도식화 데이터 확대

엑셀 예제 6-2

그림 6.9에 보이는 바와 같이 양단고정보에 집중하중이 작용하는 경우에 대해서 계산한다.

그림 6.9 양단고정보

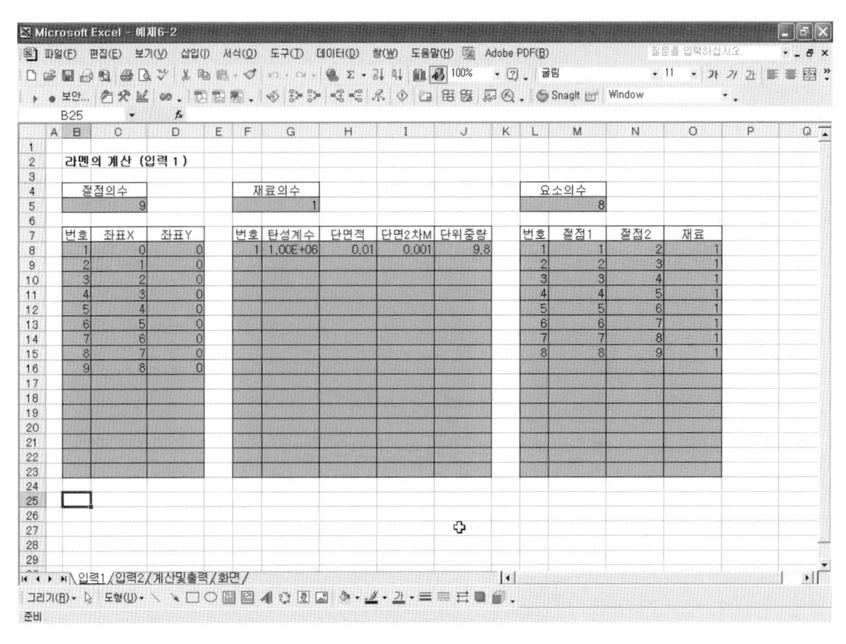

그림 6.10 절점, 재료, 요소데이터 입력

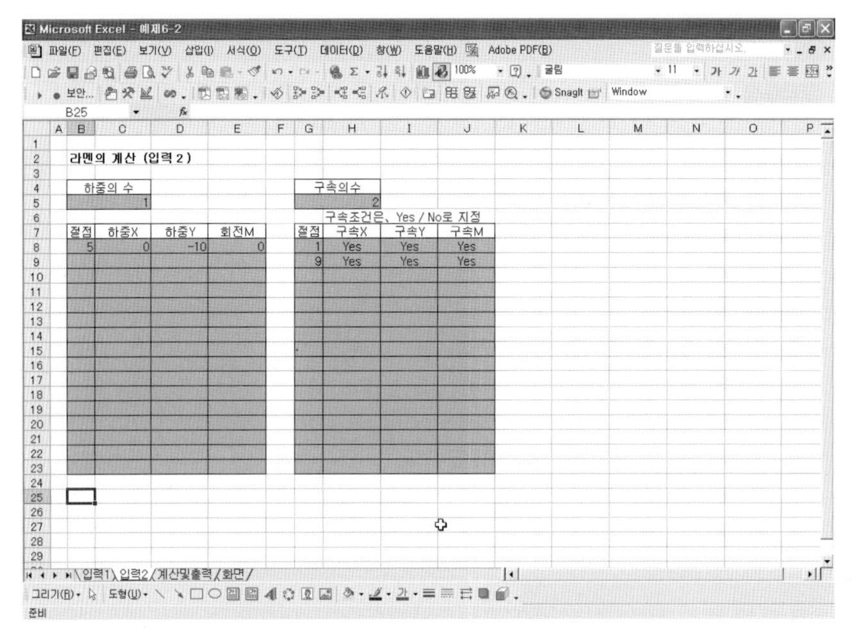

그림 6.11 하중데이터, 구속조건의 입력

라멘의 계산 (계산·출력)

계산

절점	변위X	변위Y	회전각
1	0	0	0
2	0	-0.00437	-0.44937
3	0	-0.01392	-0.59542
4	0	-0.02342	-0.44376
5	0	-0.02771	7.21E-16
6	0	-0.02342	0.443756
7	0	-0.01392	0.595418
8	0	-0.00437	0.449371
9	0	0	0

요소	축력X	축력Y	모멘트	축력X	축력Y	모멘트
1	0	5.343	10.5145	0	-5.343	-5.1715
2	0	5.245	5.1715	0	-5.245	0.0735
3	0	5.147	-0.0735	0	-5.147	5.2205
4	0	5.049	-5.2205	0	-5.049	10.2695
5	0	-5.049	-10.2695	0	5.049	5.2205
6	0	-5.147	-5.2205	0	5.147	0.0735
7	0	-5.245	-0.0735	0	5.245	-5.1715
8	0	-5.343	5.1715	0	5.343	-10.5145

그림 6.12 계산의 실행 및 결과 (수치데이터)

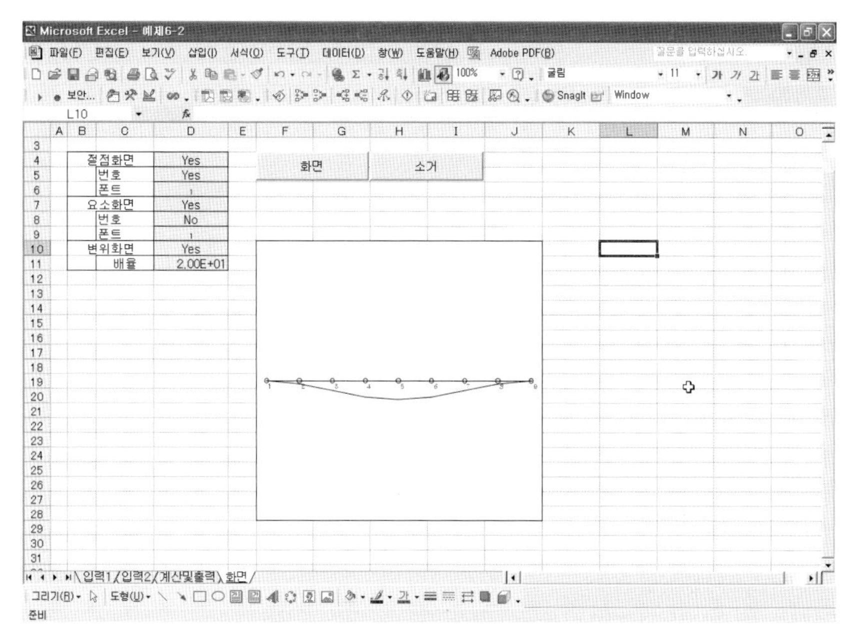

그림 6.13 계산결과 (도식화 데이터)

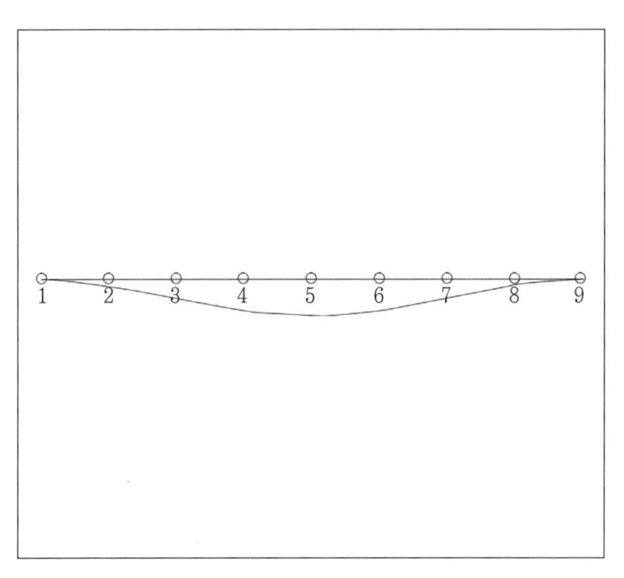

그림 6.14 도식화 데이터 확대

엑셀 예제 6-3

그림 6.15에 보이는 바와 같이 연속보에 집중하중이 작용하는 경우에 대해서 계산한다.

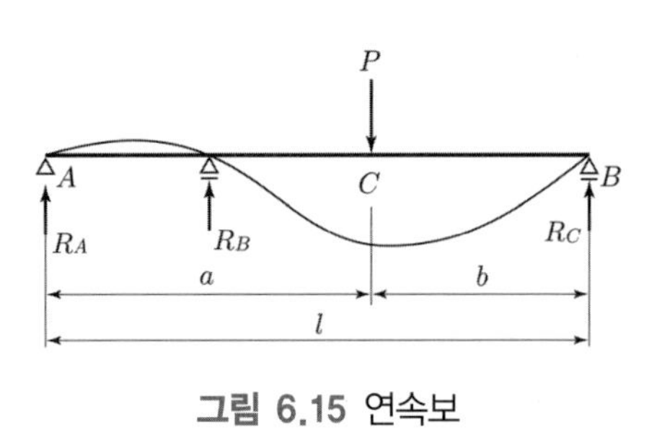

그림 6.15 연속보

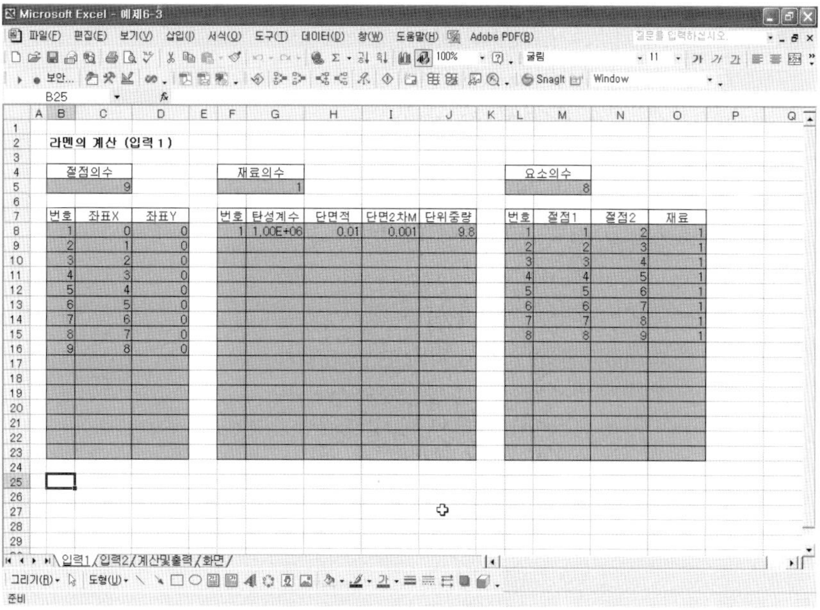

Microsoft Excel - 예제6-3

파일(F) 편집(E) 보기(V) 삽입(I) 서식(O) 도구(T) 데이터(D) 창(W) 도움말(H) Adobe PDF(B) 질문을 입력하십시오.

100% 굴림 11 가 가 가 보안... Snagit Window

B25

	A	B	C	D	E	F	G	H	I	J	K	L	M	N	O	P	Q
1																	
2		라멘의 계산 (입력 1)															
3																	
4		절점의수					재료의수						요소의수				
5			9					1						8			
6																	
7		번호	좌표X	좌표Y		번호	탄성계수	단면적	단면2차M	단위중량		번호	절점1	절점2	재료		
8		1	0	0		1	1.00E+06	0.01	0.001	9.8		1	1	2	1		
9		2	1	0								2	2	3	1		
10		3	2	0								3	3	4	1		
11		4	3	0								4	4	5	1		
12		5	4	0								5	5	6	1		
13		6	5	0								6	6	7	1		
14		7	6	0								7	7	8	1		
15		8	7	0								8	8	9	1		
16		9	8	0													

입력1 / 입력2 / 계산및출력 / 화면

그리기(R) 도형(U) 준비

그림 6.16 절점, 재료, 요소데이터 입력

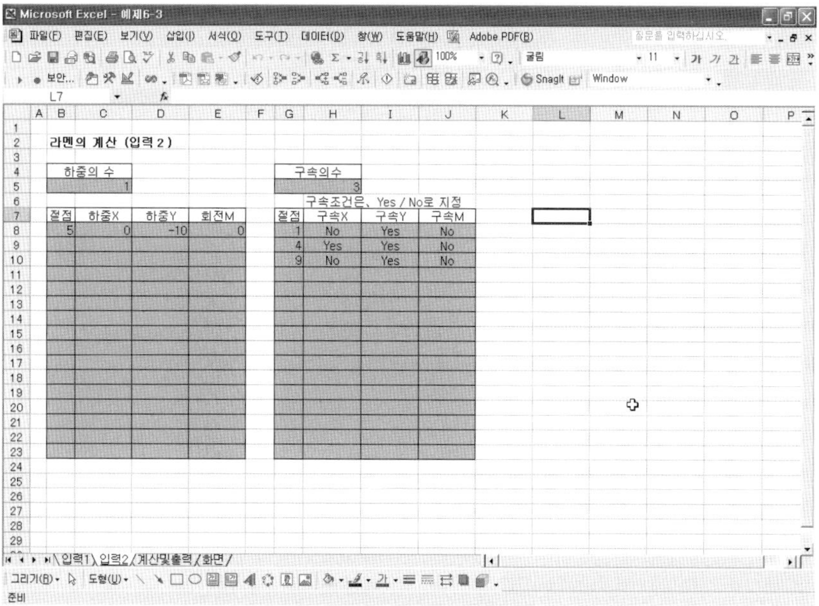

Microsoft Excel - 예제6-3

파일(F) 편집(E) 보기(V) 삽입(I) 서식(O) 도구(T) 데이터(D) 창(W) 도움말(H) Adobe PDF(B) 질문을 입력하십시오.

100% 굴림 11 가 가 가 보안... Snagit Window

L7

	A	B	C	D	E	F	G	H	I	J	K	L	M	N	O	P
1																
2		라멘의 계산 (입력 2)														
3																
4		하중의 수					구속의수									
5			1					3								
6								구속조건은、Yes / No로 지정								
7		절점	하중X	하중Y	회전M		절점	구속X	구속Y	구속M						
8		5	0	-10	0		1	No	Yes	No						
9							4	Yes	Yes	No						
10							9	No	Yes	No						

입력1 / 입력2 / 계산및출력 / 화면

그리기(R) 도형(U) 준비

그림 6.17 하중데이터, 구속조건의 입력

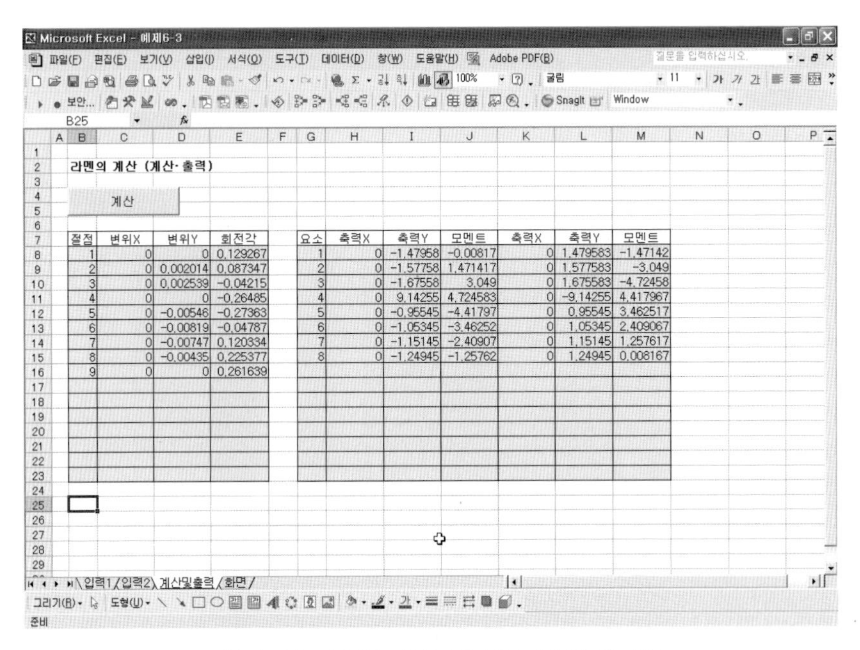

절점	변위X	변위Y	회전각
1	0	0	0,129267
2	0	0,002014	0,087347
3	0	0,002539	-0,04215
4	0	0	-0,26485
5	0	-0,00546	-0,27363
6	0	-0,00819	-0,04787
7	0	-0,00747	0,120334
8	0	-0,00435	0,225377
9	0	0	0,261639

요소	축력X	축력Y	모멘트	축력X	축력Y	모멘트
1	0	-1,47958	-0,00817	0	1,479583	-1,47142
2	0	-1,57758	1,471417	0	1,577583	-3,049
3	0	-1,67558	3,049	0	1,675583	-4,72458
4	0	9,14255	4,724583	0	-9,14255	4,417967
5	0	-0,95545	-4,41797	0	0,95545	3,462517
6	0	-1,05345	-3,46252	0	1,05345	2,409067
7	0	-1,15145	-2,40907	0	1,15145	1,257617
8	0	-1,24945	-1,25762	0	1,24945	0,008167

그림 6.18 계산의 실행 및 결과 (수치데이터)

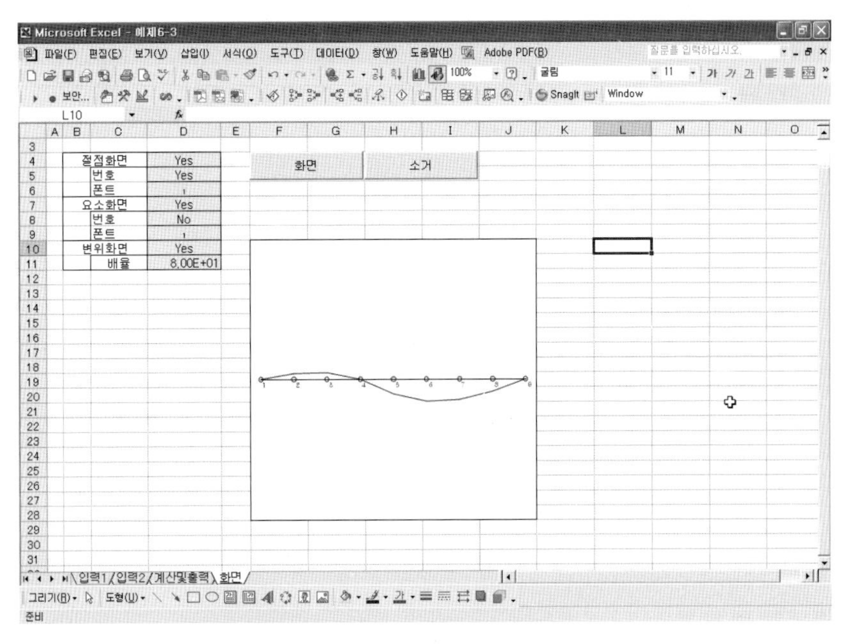

절점화면		Yes
	번호	Yes
	폰트	1
요소화면		Yes
	번호	No
	폰트	1
변위화면		Yes
	배율	8,00E+01

그림 6.19 계산결과 (도식화 데이터)

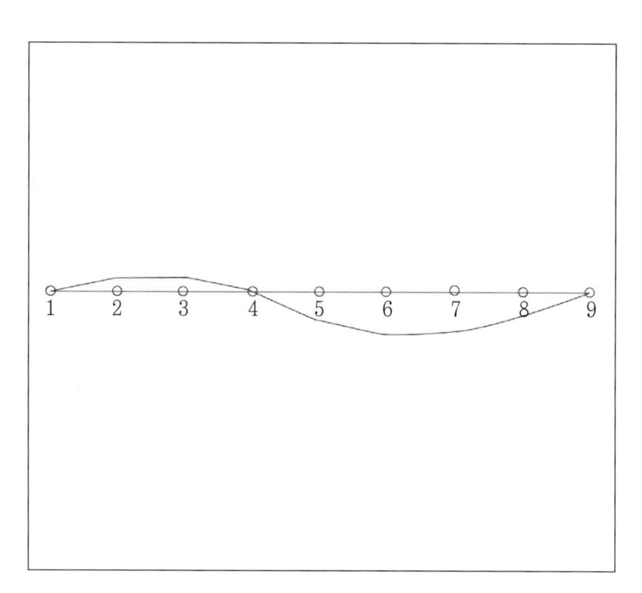

그림 6.20 도식화 데이터 확대

6.3 2차원 라멘 계산 프로그램의 조작방법

일반적으로 라멘구조는 고차의 부정정구조이다.

연속보 및 라멘 부재력을 계산하는 경우에는 많은 노력이 필요하므로 여러 가지 방법이 사용되고 있다. 최근에는 컴퓨터에 의해 주로 계산된다.

■ 2차원 라멘 계산의 순서

(1) 구조의 모델화

(2) 절점데이터 입력

(3) 재료와 요소데이터 입력

(4) 하중조건 입력

(5) 구속조건 입력

(6) 계산 수행, 계산 결과 표시 (수치데이터)

(7) 결과 표시 (도식화 데이터)

이상의 순서에 의해 아래 그림 6.21에 보이는 라멘구조에 대해서 계산예를 보인다.

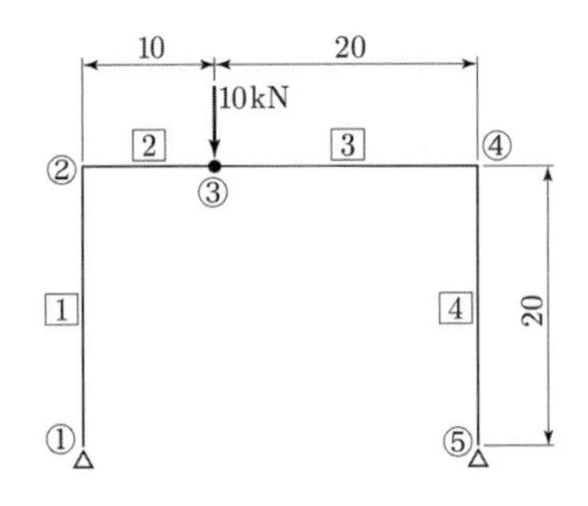

그림 6.21 (1) 구조의 모델화

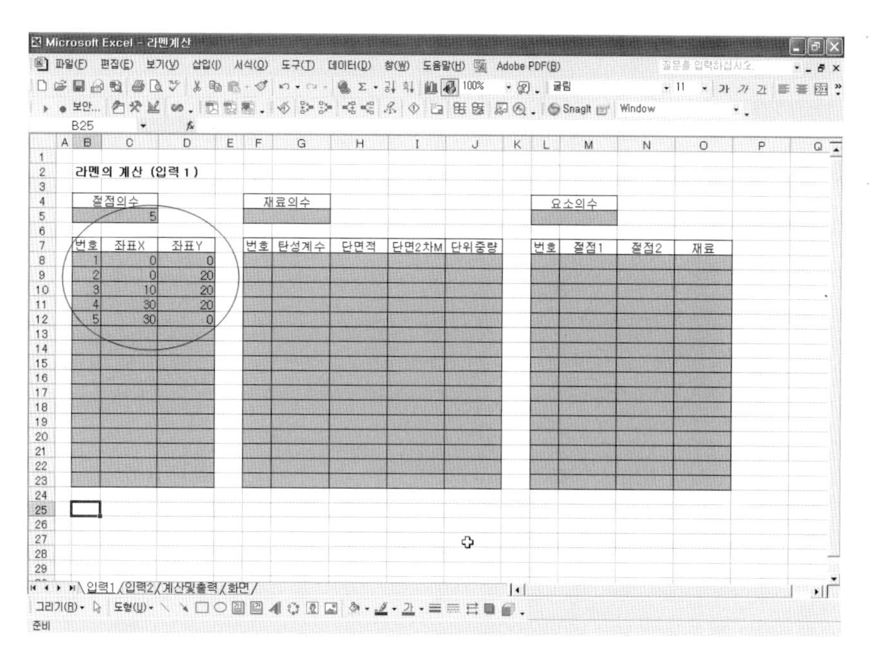

그림 6.22 (2) 절점데이터 입력

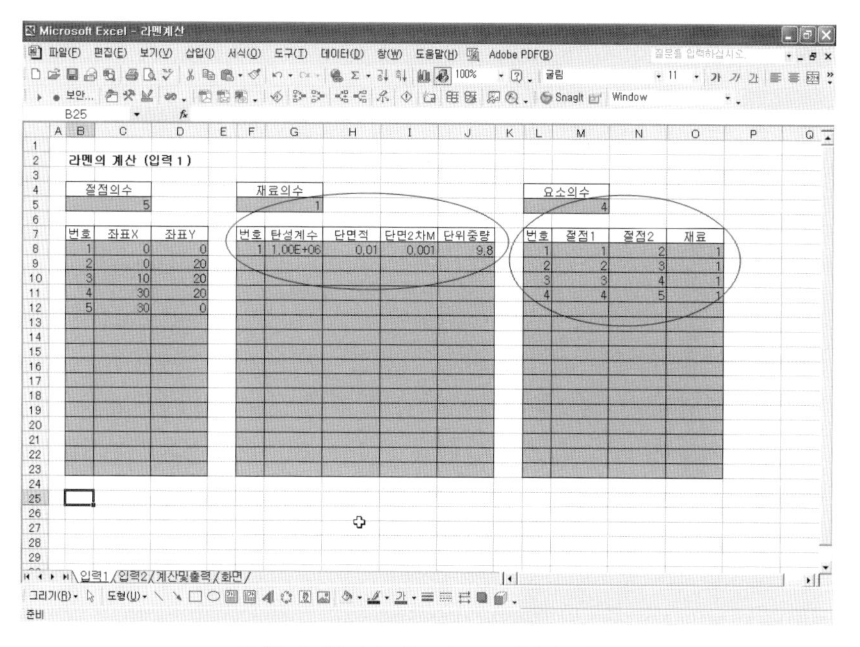

그림 6.23 (3) 재료와 요소데이터 입력

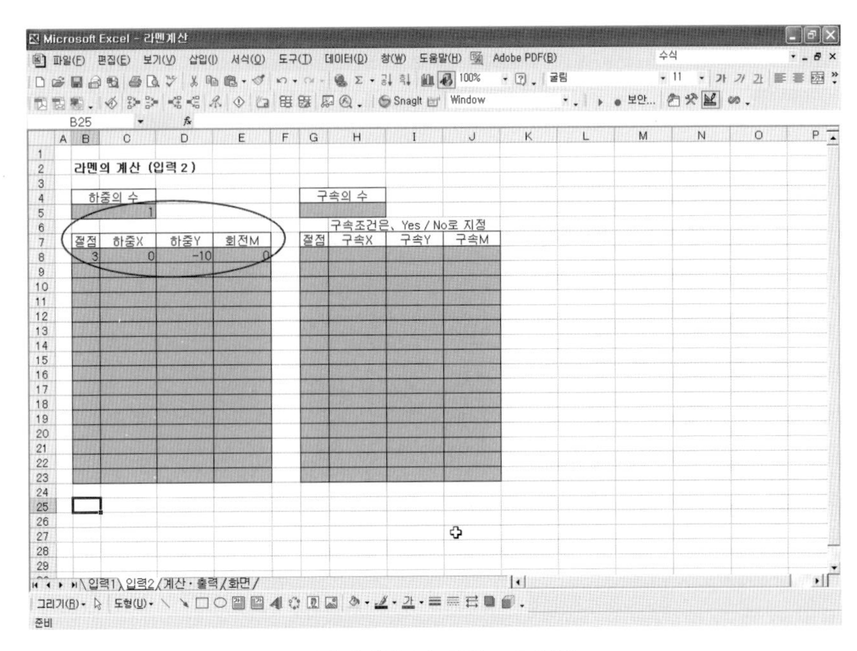

그림 6.24 (4) 하중조건 입력

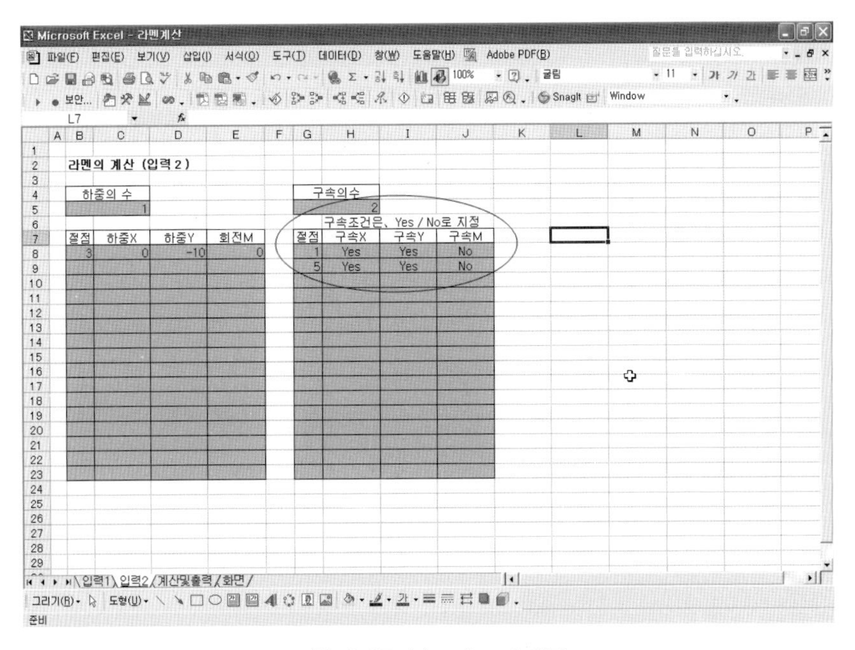

그림 6.25 (5) 구속조건 입력

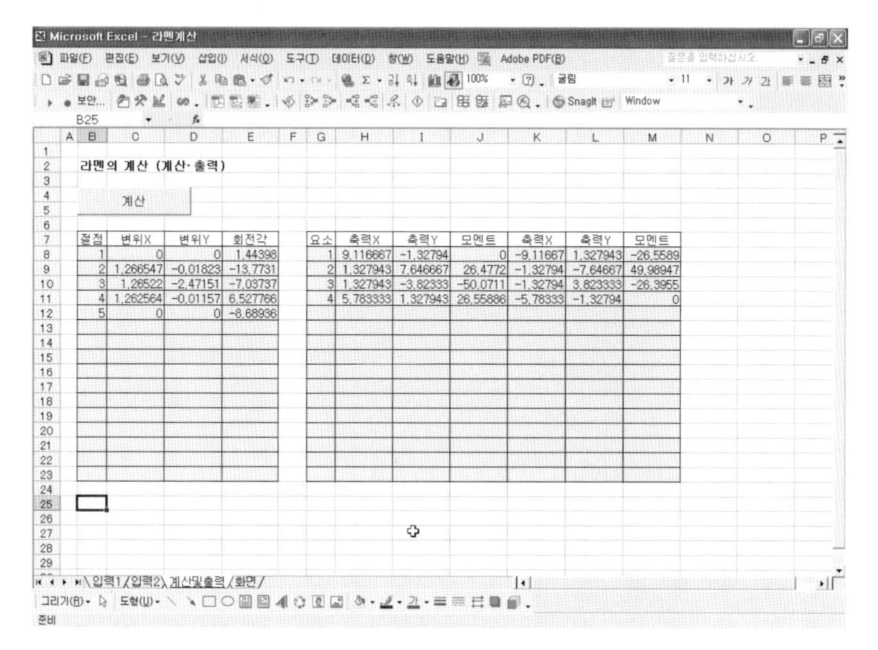

절점	변위X	변위Y	회전각
1	0	0	1,44398
2	1,266547	-0,01823	-13,7731
3	1,26522	-2,47151	-7,03737
4	1,262564	-0,01157	6,527766
5	0	0	-8,68936

요소	축력X	축력Y	모멘트	축력X	축력Y	모멘트
1	9,116667	-1,32794	0	-9,11667	1,327943	-26,5589
2	1,327943	7,646667	26,4772	-1,32794	-7,64667	49,98947
3	1,327943	-3,82333	-50,0711	-1,32794	3,823333	-26,3955
4	5,783333	1,327943	26,55886	-5,78333	-1,32794	0

그림 6.26 (6) 계산 수행, 계산 결과 표시 (수치데이터)

계산결과를 도식화하여 확인하는 것이 가능하도록 되어 있다. 그림 6.27에 보이는 엑셀시트 내의 절점번호, 요소번호의 색 및 변위의 배율을 지정하여 화면버튼을 클릭한다.

의도한 변위화면결과가 얻어지지 않은 경우는 배율을 변경하고 소거버튼을 누른 후에 한 번 더 화면버튼을 클릭한다.

그래도 결과가 나오지 않는 경우에는 입력한 데이터의 일부에 값이 틀려 있을 가능성이 있으므로 한 번 더 확인하는 것이 좋다.

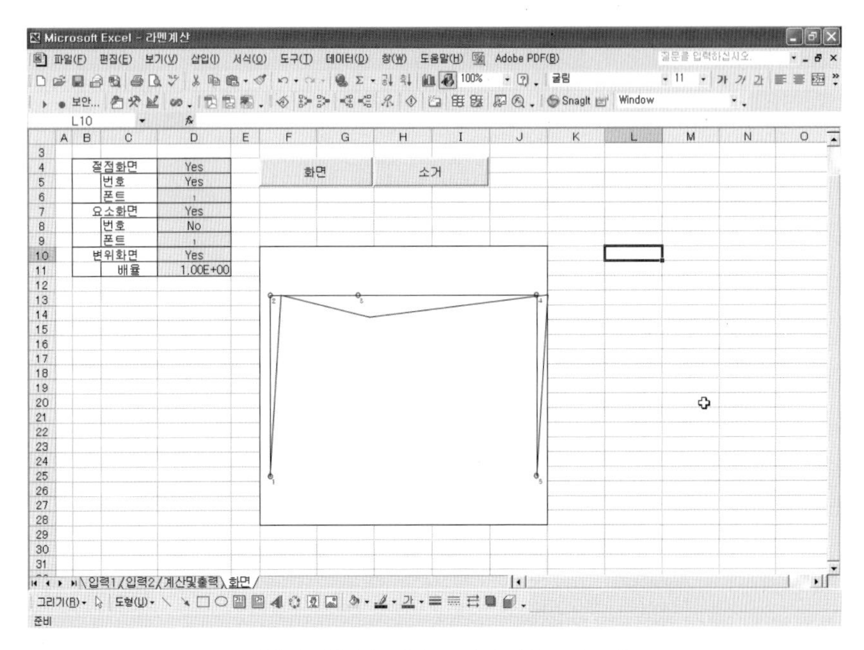

그림 6.27 (7) 결과 표시 (도식화 데이터)

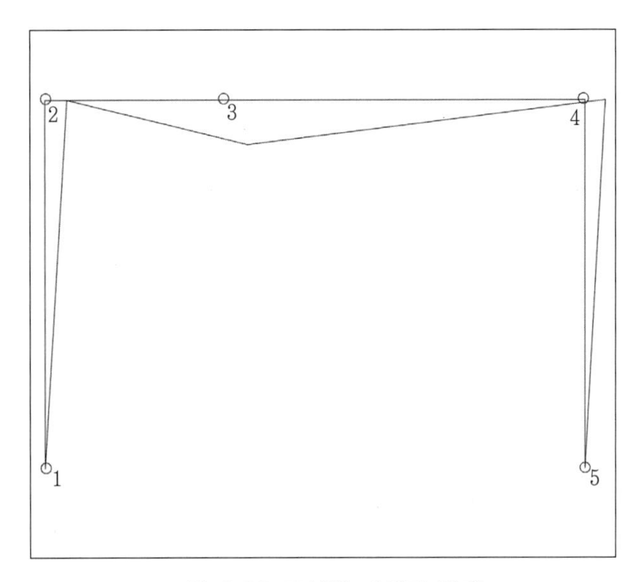

그림 6.28 도식화 데이터 확대

6.4 2차원 라멘 계산 프로그램

유한요소법에 의한 2차원 라멘 계산 프로그램의 예를 보인다.

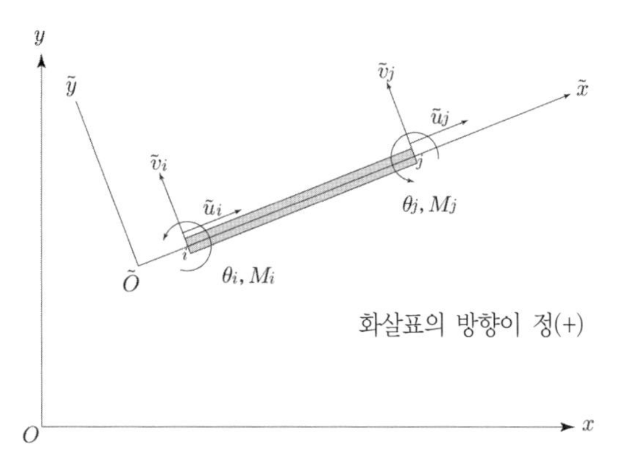

그림 6.29 변수 및 좌표계

$O, \tilde{O}$	: 전체좌표계와 부재좌표계
$\tilde{u}_i, \tilde{v}_i, \tilde{u}_j, \tilde{v}_j$	: 절점 i, j의 변위의 $\tilde{x}$성분 및 $\tilde{y}$성분
u_i, v_i, u_j, v_j	: 절점 i, j의 변위의 x성분 및 y성분
θ_i, θ_j	: 절점 i, j의 회전각 (반시계방향을 정(+)으로 한다.)
$\tilde{f}_i, \tilde{g}_i, \tilde{f}_j, \tilde{g}_j$	: 절점 i, j에 걸리는 힘의 $\tilde{x}$성분 및 $\tilde{y}$성분
f_i, g_i, f_j, g_j	: 절점 i, j의 걸리는 힘의 x성분 및 y성분
M_i, M_j	: 절점 i, j에 걸리는 힘의 모멘트 (반시계방향을 정(+)으로 한다.)
E	: 탄성계수
I	: 단면 2차모멘트
A	: 단면적
l	: 부재의 길이

부재 좌표계에 걸리는 힘의 평형에 의해 방정식은 다음과 같이 된다.

$$\begin{bmatrix} \frac{EA}{l} & 0 & 0 & -\frac{EA}{l} & 0 & 0 \\ 0 & \frac{12EI}{l^3} & \frac{6EI}{l^2} & 0 & -\frac{12EI}{l^3} & \frac{6EI}{l^2} \\ 0 & \frac{6EI}{l^2} & \frac{4EI}{l} & 0 & -\frac{6EI}{l^2} & \frac{2EI}{l} \\ -\frac{EA}{l} & 0 & 0 & \frac{EA}{l} & 0 & 0 \\ 0 & -\frac{12EI}{l^3} & -\frac{6EI}{l^2} & 0 & \frac{12EI}{l^3} & -\frac{6EI}{l^2} \\ 0 & \frac{6EI}{l^2} & \frac{2EI}{l} & 0 & -\frac{6EI}{l^2} & \frac{4EI}{l} \end{bmatrix} \begin{Bmatrix} \widetilde{u}_i \\ \widetilde{v}_i \\ \theta_i \\ \widetilde{u}_j \\ \widetilde{v}_j \\ \theta_j \end{Bmatrix} = \begin{Bmatrix} \widetilde{f}_i \\ \widetilde{g}_i \\ M_i \\ \widetilde{f}_j \\ \widetilde{g}_j \\ M_j \end{Bmatrix}$$

프로그램 리스트 - Sheet3

```
Option Explicit

Const 입력시트명1 = "입력1"
Const 입력시트명2 = "입력2"
Const MAX절점 = 100
Const MAX재료 = 50
Const MAX요소 = 100
Const MAX구속 = 60

Private Sub CommandButton1_Click()

    Dim 절점의수 As Integer
    Dim 좌표X(MAX절점), 좌표Y(MAX절점)
    Dim 변위X(MAX절점), 변위Y(MAX절점), 회전각(MAX절점)
    Dim 요소의수 As Integer
    Dim 요소절점1(MAX요소), 요소절점2(MAX요소)
    Dim 요소재료(MAX요소)
    Dim 축력X(MAX요소, 2), 축력Y(MAX요소, 2)
    Dim 모멘트(MAX요소, 2)
    Dim 재료의수 As Integer
    Dim 탄성계수(MAX재료), 단면적(MAX재료)
    Dim 단면2차M(MAX재료), 단위중량(MAX재료)
    Dim 하중의수 As Integer
    Dim 하중X(MAX절점), 하중Y(MAX절점), 회전M(MAX절점)
    Dim 구속의수 As Integer
    Dim 구속절점(MAX절점), 구속조건(MAX구속, 3) As Boolean

    Dim Tkk(3 * MAX절점, 3 * MAX절점), Tu(3 * MAX절점)
    Dim Tf(3 * MAX절점)
    Dim Elk(6, 6), Dw(6, 6), T(6, 6), T2(6, 6)
    Dim Lc(6), Eu(6), Ef(6), Tsa(6)
    Dim N, I, J, K, M, Ie, Je
    Dim Dx, Dy, El, Em, G, C, S, Fm
    Dim D, D2, D3, D4, D5, Piv, Tkil

    With Worksheets(입력시트명1)
        절점의수 = .Range("_절점의수")
        요소의수 = .Range("_요소의수")
        재료의수 = .Range("_재료의수")
        For M = 1 To 절점의수
            좌표X(M) = .Range("_좌표X").Offset(M, 0)
```

```
            좌표Y(M) = .Range("_좌표Y").Offset(M, 0)
            하중X(M) = 0#
            하중Y(M) = 0#
            회전M(M) = 0#
        Next M
        For M = 1 To 재료의수
            탄성계수(M) = .Range("_탄성계수").Offset(M, 0)
            단면적(M) = .Range("_단면적").Offset(M, 0)
            단면2차M(M) = .Range("_단면2차M").Offset(M, 0)
            단위중량(M) = .Range("_단위중량").Offset(M, 0)
        Next M
        For M = 1 To 요소의수
            요소절점1(M) = .Range("_요소절점1").Offset(M, 0)
            요소절점2(M) = .Range("_요소절점2").Offset(M, 0)
            요소재료(M) = .Range("_요소재료").Offset(M, 0)
        Next M
    End With

    With Worksheets(입력시트명2)
        하중의수 = .Range("_하중의수")
        구속의수 = .Range("_구속의수")
        For M = 1 To 하중의수
            I = .Range("_하중절점").Offset(M, 0)
            하중X(I) = .Range("_하중X").Offset(M, 0)
            하중Y(I) = .Range("_하중Y").Offset(M, 0)
            회전M(I) = .Range("_회전M").Offset(M, 0)
        Next M
        For M = 1 To 구속의수
            구속절점(M) = .Range("_구속절점").Offset(M, 0)
            If UCase(.Range("_구속X").Offset(M, 0)) = "YES" Then
                구속조건(M, 1) = True
            Else
                구속조건(M, 1) = False
            End If
            If UCase(.Range("_구속Y").Offset(M, 0)) = "YES" Then
                구속조건(M, 2) = True
            Else
                구속조건(M, 2) = False
            End If
            If UCase(.Range("_구속M").Offset(M, 0)) = "YES" Then
                구속조건(M, 3) = True
            Else
                구속조건(M, 3) = False
```

```
        End If
    Next M
End With

N = 3 * 절점의수
For I = 1 To N
    For J = 1 To N
        Tkk(I, J) = 0#
    Next J
Next I

For I = 1 To 6
    For J = 1 To 6
        T(I, J) = 0#
        Dw(I, J) = 0#
    Next J
Next I

For M = 1 To 요소의수
    I = 요소절점1(M)
    J = 요소절점2(M)
    Dx = 좌표X(J) - 좌표X(I)
    Dy = 좌표Y(J) - 좌표Y(I)
    El = Sqr(Dx * Dx + Dy * Dy)
    Em = 0.5 * 단위중량(요소재료(M)) _
                             * 단면적(요소재료(M)) * El
    G = 탄성계수(요소재료(M)) * 단면적(요소재료(M)) / El
    하중Y(I) = 하중Y(I) - Em
    하중Y(J) = 하중Y(J) - Em
    C = Dx / El
    S = Dy / El
    Fm = C * Em / 6#
    회전M(I) = 회전M(I) - Fm
    회전M(J) = 회전M(J) + Fm
    D5 = 2# * 탄성계수(요소재료(M)) _
                             * 단면2차M(요소재료(M)) / El
    D4 = 2# * D5
    D3 = 3# * D5 / El
    D2 = 2# * D3 / El
    Dw(1, 1) = G
    Dw(2, 2) = D2
    Dw(3, 3) = D4
    Dw(4, 4) = G
```

```
Dw(5, 5) = D2
Dw(6, 6) = D4
Dw(1, 4) = -G
Dw(2, 3) = D3
Dw(2, 5) = -D2
Dw(2, 6) = D3
Dw(3, 5) = -D3
Dw(3, 6) = D5
Dw(5, 6) = -D3
For Ie = 1 To 5
    For Je = Ie + 1 To 6
        Dw(Je, Ie) = Dw(Ie, Je)
    Next Je
Next Ie
For K = 1 To 4 Step 3
    T(K, K) = C
    T(K, K + 1) = S
    T(K + 1, K) = -S
    T(K + 1, K + 1) = C
    T(K + 2, K + 2) = 1
Next K
For Ie = 1 To 6
    For Je = 1 To 6
        S = 0#
        For K = 1 To 6
            S = S + T(K, Ie) * Dw(K, Je)
        Next K
        T2(Ie, Je) = S
    Next Je
Next Ie
For Ie = 1 To 6
    For Je = 1 To 6
        S = 0#
        For K = 1 To 6
            S = S + T2(Ie, K) * T(K, Je)
        Next K
        Elk(Ie, Je) = S
    Next Je
Next Ie
Lc(1) = 3 * I - 2
Lc(4) = 3 * J - 2
Lc(2) = 3 * I - 1
Lc(5) = 3 * J - 1
```

```
    Lc(3) = 3 * I
    Lc(6) = 3 * J
    For Ie = 1 To 6
        For Je = 1 To 6
            Tkk(Lc(Ie), Lc(Je)) = Tkk(Lc(Ie), Lc(Je)) _
                                              + Elk(Ie, Je)
        Next Je
    Next Ie
Next M

For I = 1 To 절점의수
    Tf(3 * I - 2) = 하중X(I)
    Tf(3 * I - 1) = 하중Y(I)
    Tf(3 * I) = 회전M(I)
Next I
For M = 1 To 구속의수
    For J = 1 To 3
        If (구속조건(M, J) = True) Then
            K = 3 * 구속절점(M) + J - 3
            For I = 1 To N
                Tf(K) = 0#
                Tkk(I, K) = 0#
                Tkk(K, I) = 0#
            Next I
            Tkk(K, K) = 1#
        End If
    Next J
Next M

For M = 1 To N - 1
    Piv = Tkk(M, M)
    For J = M + 1 To N
        Tkk(M, J) = Tkk(M, J) / Piv
    Next J
    Tf(M) = Tf(M) / Piv
    For I = M + 1 To N
        Tkil = Tkk(I, M)
        For J = M + 1 To N
            Tkk(I, J) = Tkk(I, J) - Tkil * Tkk(M, J)
        Next J
        Tf(I) = Tf(I) - Tkil * Tf(M)
    Next I
Next M
```

```
Tu(N) = Tf(N) / Tkk(N, N)
For M = N - 1 To 1 Step -1
    S = Tf(M)
    For J = M + 1 To N
        S = S - Tkk(M, J) * Tu(J)
    Next J
    Tu(M) = S
Next M

For I = 1 To 절점의수
    변위X(I) = Tu(3 * I - 2)
    변위Y(I) = Tu(3 * I - 1)
    회전각(I) = Tu(3 * I)
Next I
For M = 1 To 요소의수
    I = 요소절점1(M)
    J = 요소절점2(M)
    Dx = 좌표X(J) - 좌표X(I)
    Dy = 좌표Y(J) - 좌표Y(I)
    El = Sqr(Dx * Dx + Dy * Dy)
    C = Dx / El
    S = Dy / El
    D = 탄성계수(요소재료(M)) * 단면적(요소재료(M)) / El
    D5 = 2# * 탄성계수(요소재료(M)) _
                              * 단면2차M(요소재료(M)) / El
    D4 = 2# * D5
    D3 = 3# * D5 / El
    D2 = 2# * D3 / El
    Dw(1, 1) = D
    Dw(2, 2) = D2
    Dw(3, 3) = D4
    Dw(4, 4) = D
    Dw(5, 5) = D2
    Dw(6, 6) = D4
    Dw(1, 4) = -D
    Dw(2, 3) = D3
    Dw(2, 5) = -D2
    Dw(2, 6) = D3
    Dw(3, 5) = -D3
    Dw(3, 6) = D5
    Dw(5, 6) = -D3
    For Ie = 1 To 5
        For Je = Ie + 1 To 6
```

```
            Dw(Je, Ie) = Dw(Ie, Je)
        Next Je
    Next Ie
    For K = 1 To 4 Step 3
        T(K, K) = C
        T(K, K + 1) = S
        T(K + 1, K) = -S
        T(K + 1, K + 1) = C
        T(K + 2, K + 2) = 1
    Next K
    Eu(1) = 변위X(I)
    Eu(2) = 변위Y(I)
    Eu(3) = 회전각(I)
    Eu(4) = 변위X(J)
    Eu(5) = 변위Y(J)
    Eu(6) = 회전각(J)
    For Ie = 1 To 6
        S = 0#
        For Je = 1 To 6
            S = S + T(Ie, Je) * Eu(Je)
        Next Je
        Tsa(Ie) = S
    Next Ie
    For Ie = 1 To 6
        S = 0#
        For Je = 1 To 6
            S = S + Dw(Ie, Je) * Tsa(Je)
        Next Je
        Ef(Ie) = S
    Next Ie
    축력X(M, 1) = Ef(1)
    축력Y(M, 1) = Ef(2)
    모멘트(M, 1) = Ef(3)
    축력X(M, 2) = Ef(4)
    축력Y(M, 2) = Ef(5)
    모멘트(M, 2) = Ef(6)
Next M

For M = 1 To 절점의수
    Range("_절점번호").Offset(M, 0) = M
    Range("_변위X").Offset(M, 0) = 변위X(M)
    Range("_변위Y").Offset(M, 0) = 변위Y(M)
    Range("_회전각").Offset(M, 0) = 회전각(M) _
```

```
                                        * 180 / 3.14159
    Next M

    For M = 1 To 요소의수
        Range("_요소번호").Offset(M, 0) = M
        Range("_축력X1").Offset(M, 0) = 축력X(M, 1)
        Range("_축력Y1").Offset(M, 0) = 축력Y(M, 1)
        Range("_모멘트1").Offset(M, 0) = 모멘트(M, 1)
        Range("_축력X2").Offset(M, 0) = 축력X(M, 2)
        Range("_축력Y2").Offset(M, 0) = 축력Y(M, 2)
        Range("_모멘트2").Offset(M, 0) = 모멘트(M, 2)
    Next M

End Sub
```

프로그램 리스트 - Sheet4

```
Option Explicit

Const 입력시트명1 = "입력1"
Const 출력시트명 = "계산및출력"
Const 여백 = 10


Private Sub cmd화면_Click()

    Dim I As Integer
    Dim 테두리좌 As Single, 테두리상 As Single
    Dim 테두리폭 As Single, 테두리고 As Single
    Dim 절점의수, 요소의수, 변위배율, 좌표X(), 좌표Y()
    Dim 절점1, 절점2
    Dim MinX As Single, MinY As Single
    Dim MaxX As Single, MaxY As Single
    Dim Base좌 As Single, Base하 As Single, Ratio As Double

    테두리좌 = Range("_화면영역").Left + 여백
    테두리상 = Range("_화면영역").Top + 여백
    테두리폭 = Range("_화면영역").Width - 여백 * 2
    테두리고 = Range("_화면영역").Height - 여백 * 2

    With Worksheets(입력시트명1)
        절점의수 = .Range("_절점의수")
        ReDim 좌표X(절점의수), 좌표Y(절점의수)
        For I = 1 To 절점의수
            좌표X(I) = .Range("_좌표X").Offset(I, 0)
            좌표Y(I) = .Range("_좌표Y").Offset(I, 0)
        Next I
        MinX = 좌표X(1)
        MinY = 좌표Y(1)
        MaxX = 좌표X(1)
        MaxY = 좌표Y(1)
        For I = 2 To 절점의수
            If MinX > 좌표X(I) Then MinX = 좌표X(I)
            If MinY > 좌표Y(I) Then MinY = 좌표Y(I)
            If MaxX < 좌표X(I) Then MaxX = 좌표X(I)
            If MaxY < 좌표Y(I) Then MaxY = 좌표Y(I)
        Next I
        If MaxX - MinX > MaxY - MinY Then
            Ratio = 테두리폭 / (MaxX - MinX)
            Base좌 = 테두리좌 - MinX * Ratio
```

```
        Base하 = 테두리상 + 테두리고 - MinY * Ratio _
                - (테두리고 - (MaxY - MinY) * Ratio) / 2
    Else
        Ratio = 테두리고 / (MaxY - MinY)
        Base좌 = 테두리좌 - MinX * Ratio _
                + (테두리폭 - (MaxX - MinX) * Ratio) / 2
        Base하 = 테두리상 + MaxY * Ratio
    End If
    For I = 1 To 절점의수
        If UCase(Range("_절점화면")) = "YES" Then
            Shapes.AddShape msoShapeOval _
                , Base좌 + 좌표X(I) * Ratio - 2 _
                , Base하 - 좌표Y(I) * Ratio - 2, 4, 4
        End If
        If UCase(Range("_절점번호화면")) = "YES" Then
            With Shapes.AddLabel(msoTextOrientationHorizontal,
            Base좌 + 좌표X(I) * Ratio, Base하 - 좌표Y(I) * Ratio, 0, 0)
                .TextFrame.Characters.Text = I
                .TextFrame.Characters.Font.Name _
                    = Range("_절점번호폰트").Font.Name
                .TextFrame.Characters.Font.Size _
                    = Range("_절점번호폰트").Font.Size
                .TextFrame.Characters.Font.Color _
                    = Range("_절점번호폰트").Font.Color
            End With
        End If
    Next I
    요소의수 = .Range("_요소의수")
    For I = 1 To 요소의수
        절점1 = .Range("_요소절점1").Offset(I, 0)
        절점2 = .Range("_요소절점2").Offset(I, 0)
        If UCase(Range("_요소화면")) = "YES" Then
            Shapes.AddLine Base좌 + 좌표X(절점1) * Ratio _
                    , Base하 - 좌표Y(절점1) * Ratio _
                    , Base좌 + 좌표X(절점2) * Ratio _
                    , Base하 - 좌표Y(절점2) * Ratio
        End If
        If UCase(Range("_요소번호화면")) = "YES" Then
            With Shapes.AddLabel( _
                msoTextOrientationHorizontal _
                , Base좌 + (좌표X(절점1) + 좌표X(절점2)) _
                                    / 2 * Ratio _
                , Base하 - (좌표Y(절점1) + 좌표Y(절점2)) _
                                    / 2 * Ratio, 0, 0)
                .TextFrame.Characters.Text = I
```

```
                .TextFrame.Characters.Font.Name _
                    = Range("_요소번호폰트").Font.Name
                .TextFrame.Characters.Font.Size _
                    = Range("_요소번호폰트").Font.Size
                .TextFrame.Characters.Font.Color _
                    = Range("_요소번호폰트").Font.Color
            End With
        End If
    Next I
End With
If UCase(Range("_변위화면")) = "YES" Then
    변위배율 = Range("_변위화면배율")
    With Worksheets(출력시트명)
        For I = 1 To 절점의수
            좌표X(I) = 좌표X(I) _
                + .Range("_변위X").Offset(I, 0) * 변위배율
            좌표Y(I) = 좌표Y(I) _
                + .Range("_변위Y").Offset(I, 0) * 변위배율
        Next I
    End With
    With Worksheets(입력시트명1)
        For I = 1 To 요소의수
            절점1 = .Range("_요소절점1").Offset(I, 0)
            절점2 = .Range("_요소절점2").Offset(I, 0)
            Shapes.AddLine Base좌 + 좌표X(절점1) * Ratio _
                , Base하 - 좌표Y(절점1) * Ratio _
                , Base좌 + 좌표X(절점2) * Ratio _
                , Base하 - 좌표Y(절점2) * Ratio
        Next I
    End With
End If

End Sub


Private Sub cmd소거_Click()

    Dim I
    For I = Shapes.Count To 1 Step -1
        If Shapes(I).Type <> msoOLEControlObject Then
            Shapes(I).Delete
        End If
    Next I

End Sub
```

제 7 장 트러스구조

7.1 트러스구조의 개요

보에서는 단면이 커져서 (비경제적이 될 것 같은 경우에 가설되는 교량에는 여러 가지 종류의 교량이 있다.) 부재를 조합하여 트러스구조를 채용하는 경우가 있다.

트러스구조라는 것은 직선부재를 삼각형 형상으로 조합시키고, 이것을 몇 개 연결시킨 구조이다. 실제의 트러스 구조물의 대부분은 입체트러스구조이지만, 설계계산상에서는 외력 및 부재 모두 동일평면 내에 있다고 가정하여 2차원 트러스로 치환하여 설계하는 경우가 많다.

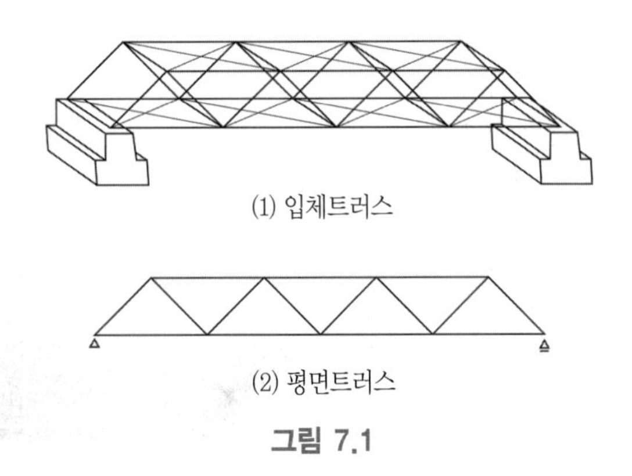

그림 7.1

■ 트러스의 종류

트러스는 사재의 형상에 따라서 여러 가지 이름이 붙여져 있고, 대략 그림 7.2와 같은 종류로 분류된다.

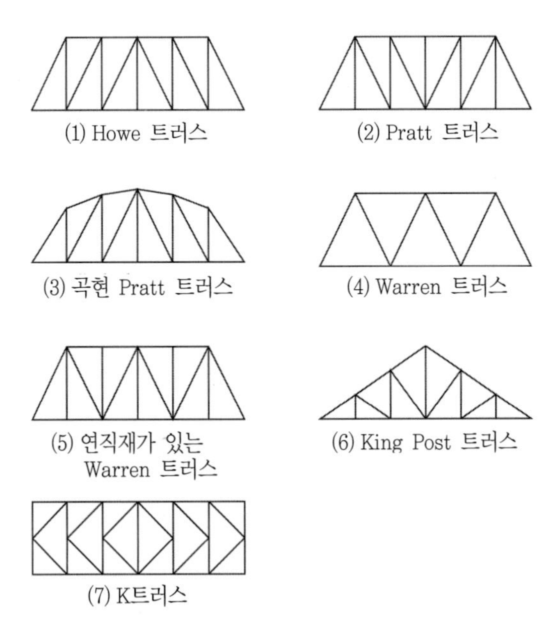

그림 7.2 트러스의 종류

■ 트러스 부재의 응력 계산

트러스 부재의 응력 계산에 있어서 기본적으로 다음과 같은 가정을 세우고 있다.

(1) 각 부재는 마찰이 없는 힌지 연결로 생각하여 각 격점에서 자유로이 회전이 가능하다.

(2) 각 부재는 직선재로 하여 격점의 중심을 연결하는 직선은 부재의 축과 일치한다.

(3) 외력은 모두 격점에만 작용하고 격점 사이에 외력이 작용한 경우는 간접하중으로서 격점으로 전달시킨다.

(4) 모든 외력의 작용선은 트러스를 포함하는 단일 평면 내에 있다.

실제로 시공되고 있는 트러스 구조물에서의 격점 구조는 힌지 결합이 아니고, 리벳 및 용접에 의해 강결되어 있지만, 통상 힌지 결합이라고 가정한다. 이 경우, 실제의 구조의 경우와 가정의 차이에 의하여 발생하는 응력차는 작다는 전제로 설계되고 있다.

또한, 트러스에 작용하는 외력은 격점에만 작용하기 때문에 트러스의 각 부재에는 전단력 및 휨모멘트가 발생하지 않는다. 모든 부재에는 축방향 인장력이나 압축력만 있으며, 이 부재에 작용하는 힘을 트러스의 부재의 응력(또는 부재력)이라고 말한다. 이러한 부재응력을 구하는 방법에는 격점법(절점법)과 단면법이 있다.

7.2 2차원 트러스구조의 계산예

여기서는 2차원 트러스 계산 프로그램을 사용하여 몇 가지의 라멘 계산의 예제를 보인다. 2차원 트러스 계산 프로그램의 조작방법 및 프로그램의 개요는 다음에 나오는 그림 7.3 및 7.4에 설명되고 있다.

엑셀 예제 7-1

그림 7.3에 보이는 바와 같은 Pratt 트러스의 계산을 수행한다.

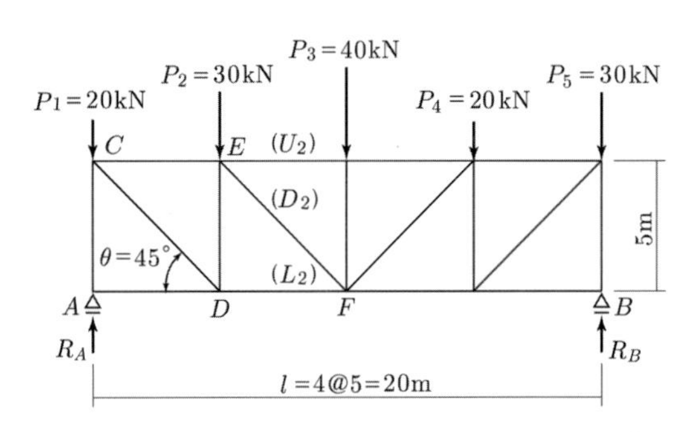

그림 7.3 Pratt 트러스

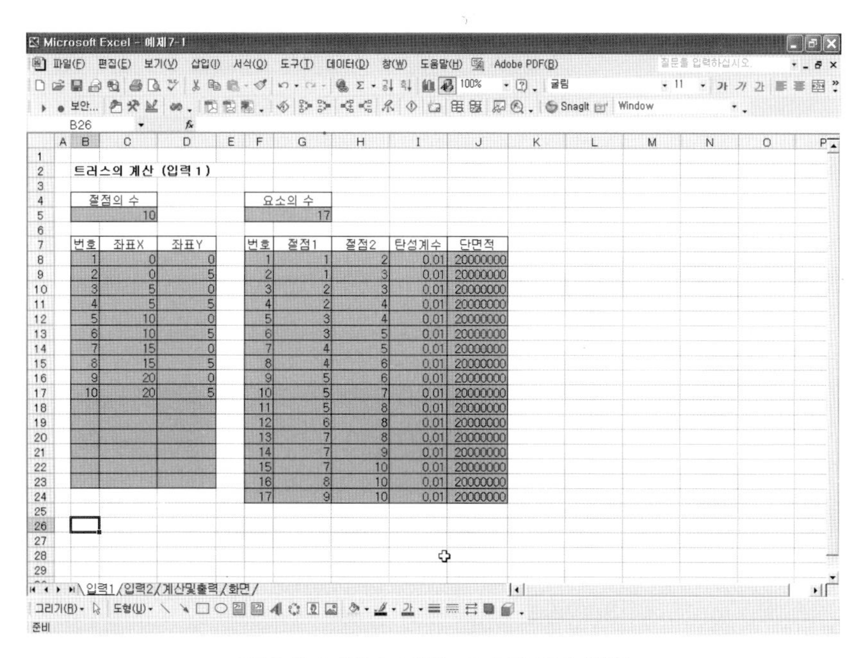

트러스의 계산 (입력 1)

절점의 수
10

요소의 수
17

번호	좌표X	좌표Y
1	0	0
2	0	5
3	5	0
4	5	5
5	10	0
6	10	5
7	15	0
8	15	5
9	20	0
10	20	5

번호	절점1	절점2	탄성계수	단면적
1	1	2	0.01	20000000
2	1	3	0.01	20000000
3	2	3	0.01	20000000
4	2	4	0.01	20000000
5	3	4	0.01	20000000
6	3	5	0.01	20000000
7	4	5	0.01	20000000
8	4	6	0.01	20000000
9	5	6	0.01	20000000
10	5	7	0.01	20000000
11	5	8	0.01	20000000
12	6	8	0.01	20000000
13	7	8	0.01	20000000
14	7	9	0.01	20000000
15	7	10	0.01	20000000
16	8	10	0.01	20000000
17	9	10	0.01	20000000

그림 7.4 절점, 재료, 요소데이터 입력

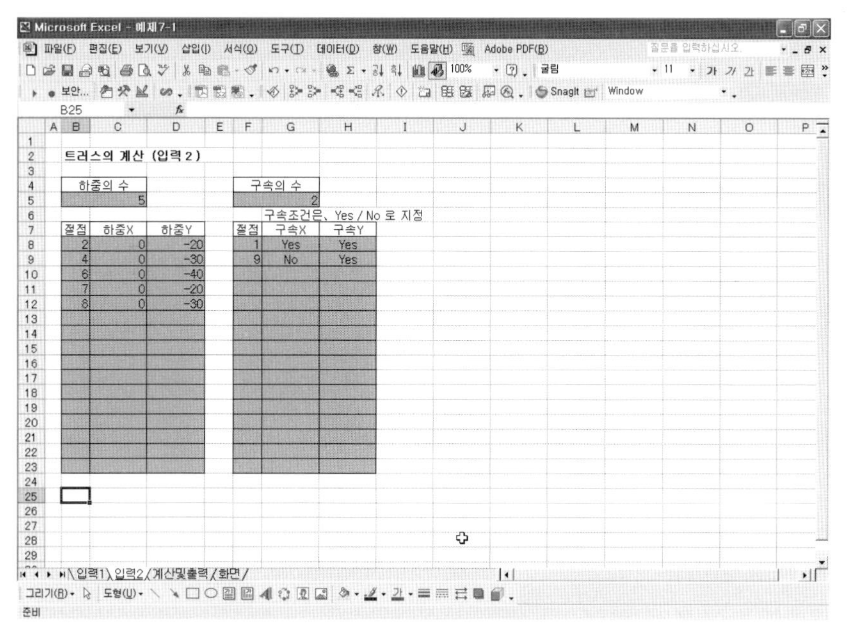

트러스의 계산 (입력 2)

하중의 수
5

구속의 수
2

구속조건은、Yes / No 로 지정

절점	하중X	하중Y
2	0	-20
4	0	-30
6	0	-40
7	0	-20
8	0	-30

절점	구속X	구속Y
1	Yes	Yes
9	No	Yes

그림 7.5 하중데이터, 구속조건의 입력

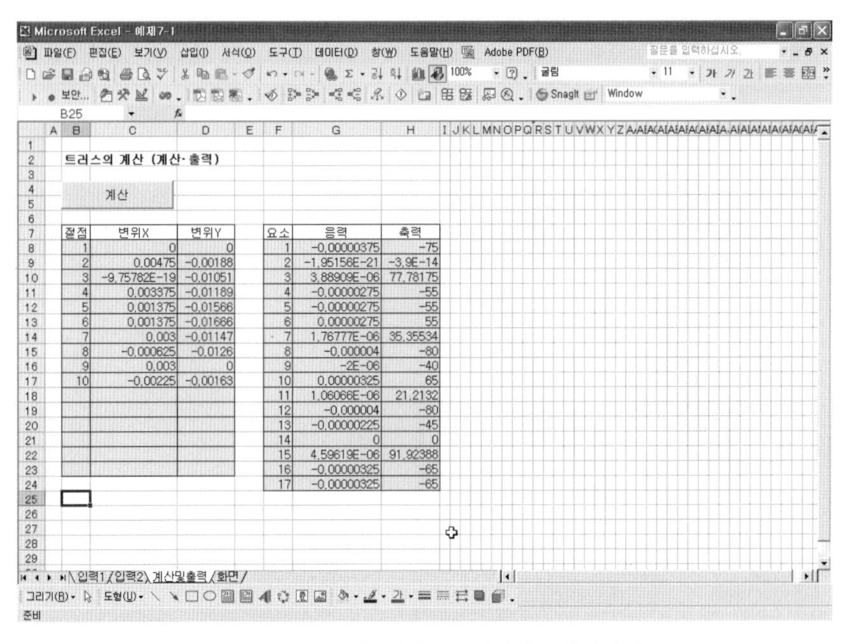

절점	변위X	변위Y
1	0	0
2	0,00475	-0,00188
3	-9,75782E-19	-0,01051
4	0,003375	-0,01189
5	0,001375	-0,01566
6	0,001375	-0,01666
7	0,003	-0,01147
8	-0,000625	-0,0126
9	0,003	0
10	-0,00225	-0,00163

요소	응력	축력
1	-0,00000375	-75
2	-1,95156E-21	-3,9E-14
3	3,88909E-06	77,78175
4	-0,00000275	-55
5	-0,00000275	-55
6	0,00000275	55
7	1,76777E-06	35,35534
8	-0,000004	-80
9	-2E-06	-40
10	0,00000325	65
11	1,06066E-06	21,2132
12	-0,000004	-80
13	-0,00000225	-45
14	0	0
15	4,59619E-06	91,92388
16	-0,00000325	-65
17	-0,00000325	-65

그림 7.6 계산의 실행 및 결과 (수치데이터)

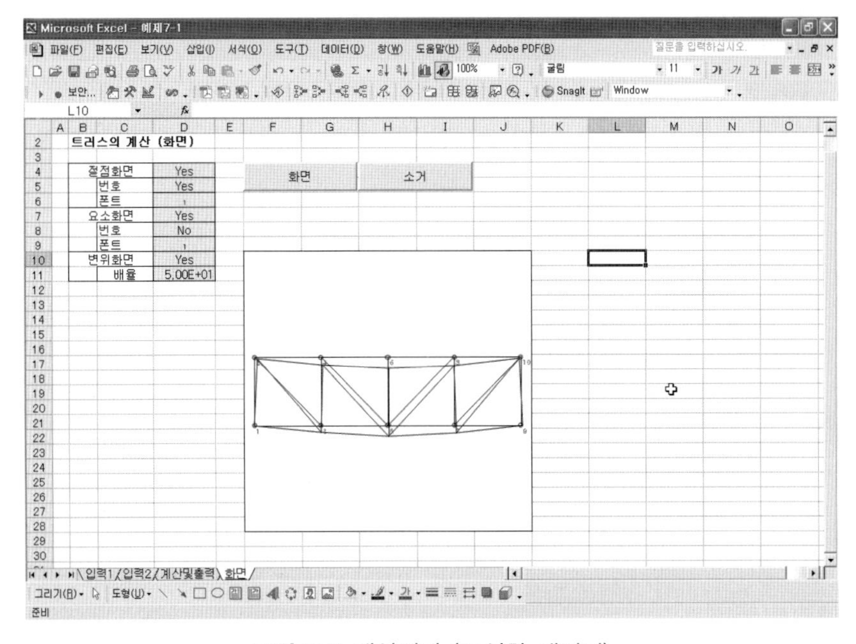

절점화면		Yes
	번호	Yes
	폰트	1
요소화면		Yes
	번호	No
	폰트	1
변위화면		Yes
	배율	5,00E+01

그림 7.7 계산결과 (도식화 데이터)

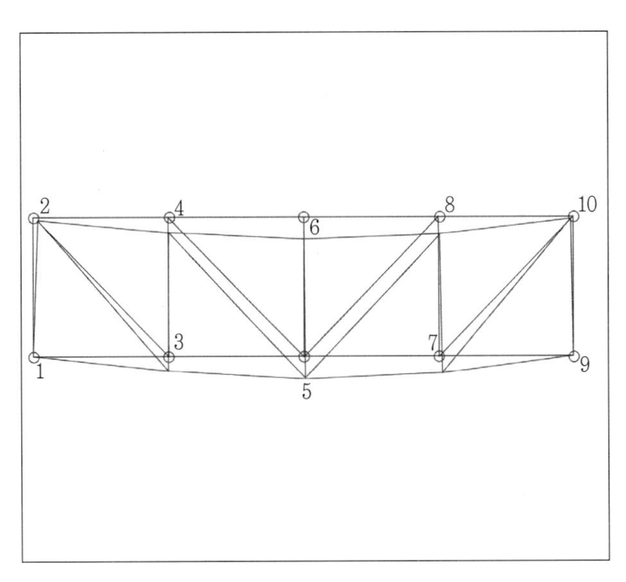

·**그림 7.8** 도식화 데이터 확대

엑셀 예제 7-2

그림 7.9에 보이는 바와 같은 곡현 Warren 트러스의 계산을 수행한다.

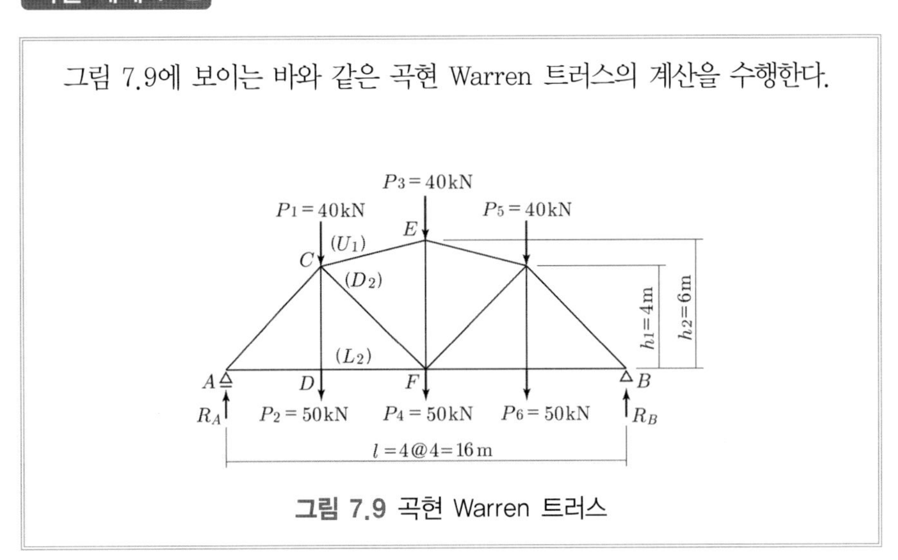

그림 7.9 곡현 Warren 트러스

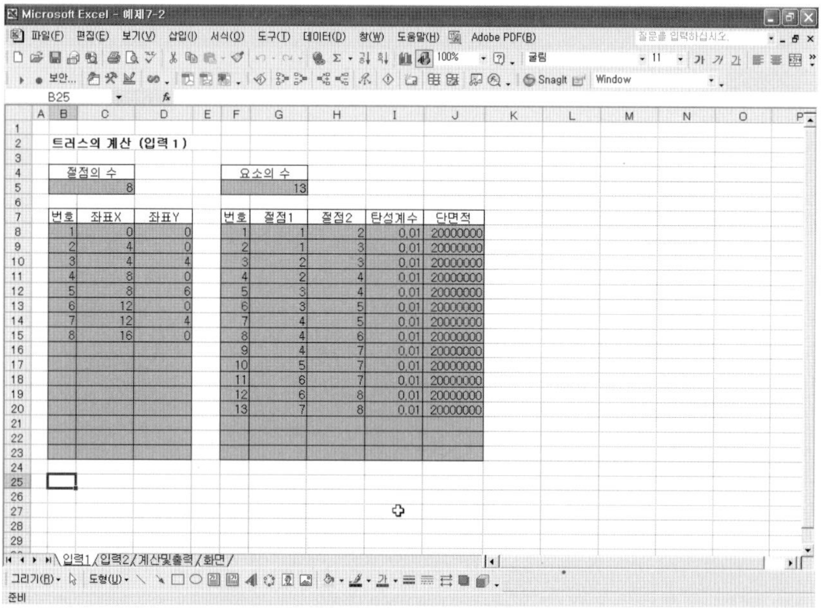

Microsoft Excel - 예제7-2

파일(F) 편집(E) 보기(V) 삽입(I) 서식(O) 도구(T) 데이터(D) 창(W) 도움말(H) Adobe PDF(B) 질문을 입력하십시오.

100% 굴림 11 가 가 가

보안... Snagit Window

B25 fx

	A	B	C	D	E	F	G	H	I	J	K	L	M	N	O	P
1																
2		트러스의 계산 (입력 1)														
3																
4		절점의 수				요소의 수										
5			8				13									
6																
7		번호	좌표X	좌표Y		번호	절점1	절점2	탄성계수	단면적						
8		1	0	0		1	1	2	0.01	20000000						
9		2	4	0		2	1	3	0.01	20000000						
10		3	4	4		3	2	3	0.01	20000000						
11		4	8	0		4	2	4	0.01	20000000						
12		5	8	6		5	3	4	0.01	20000000						
13		6	12	0		6	3	5	0.01	20000000						
14		7	12	4		7	4	5	0.01	20000000						
15		8	16	0		8	4	6	0.01	20000000						
16						9	4	7	0.01	20000000						
17						10	5	7	0.01	20000000						
18						11	6	7	0.01	20000000						
19						12	6	8	0.01	20000000						
20						13	7	8	0.01	20000000						
21																
22																
23																
24																
25																
26																
27																
28																
29																

입력1 / 입력2 / 계산및출력 / 화면 /

그리기(R) 도형(U)

준비

그림 7.10 절점, 재료, 요소데이터 입력

Microsoft Excel - 예제7-2

파일(F) 편집(E) 보기(V) 삽입(I) 서식(O) 도구(T) 데이터(D) 창(W) 도움말(H) Adobe PDF(B) 질문을 입력하십시오.

100% 굴림 11 가 가 가

보안... Snagit Window

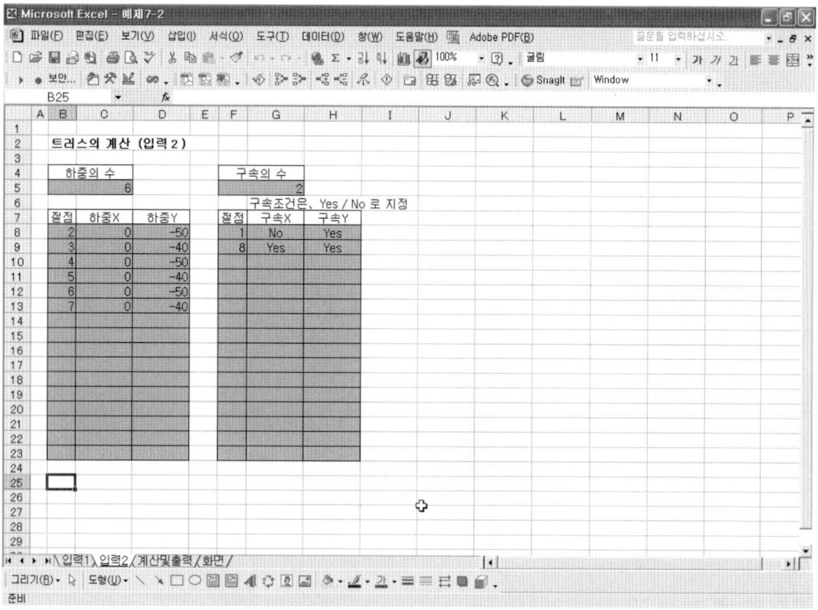

B25 fx

	A	B	C	D	E	F	G	H	I	J	K	L	M	N	O	P
1																
2		트러스의 계산 (입력 2)														
3																
4		하중의 수				구속의 수										
5			6				2									
6							구속조건은, Yes / No 로 지정									
7		절점	하중X	하중Y		절점	구속X	구속Y								
8		2	0	-50		1	No	Yes								
9		3	0	-40		8	Yes	Yes								
10		4	0	-50												
11		5	0	-40												
12		6	0	-50												
13		7	0	-40												
14																
15																
16																
17																
18																
19																
20																
21																
22																
23																
24																
25																
26																
27																
28																
29																

입력1 / 입력2 / 계산및출력 / 화면 /

그리기(R) 도형(U)

준비

그림 7.11 하중데이터, 구속조건의 입력

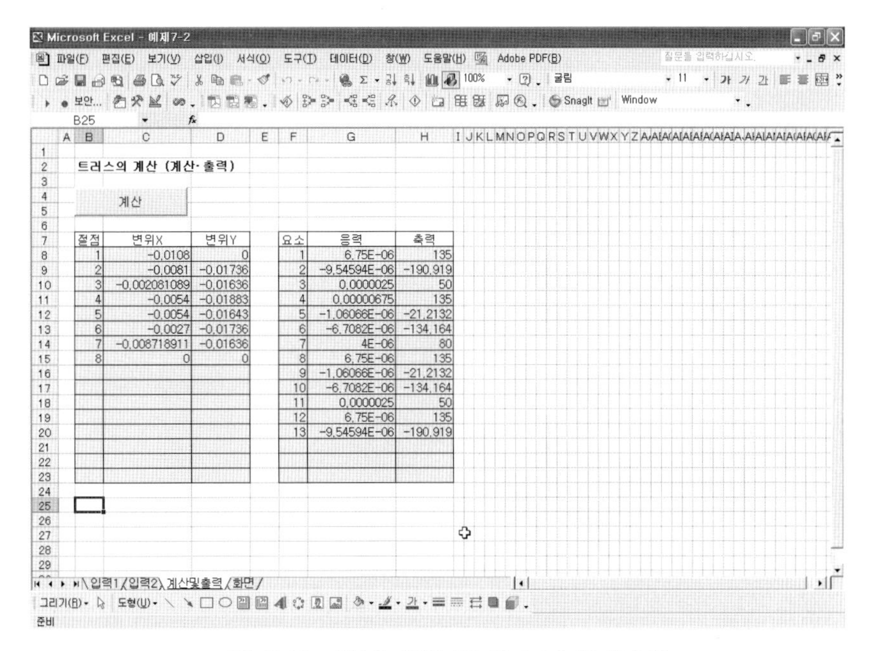

그림 7.12 계산의 실행 및 결과 (수치데이터)

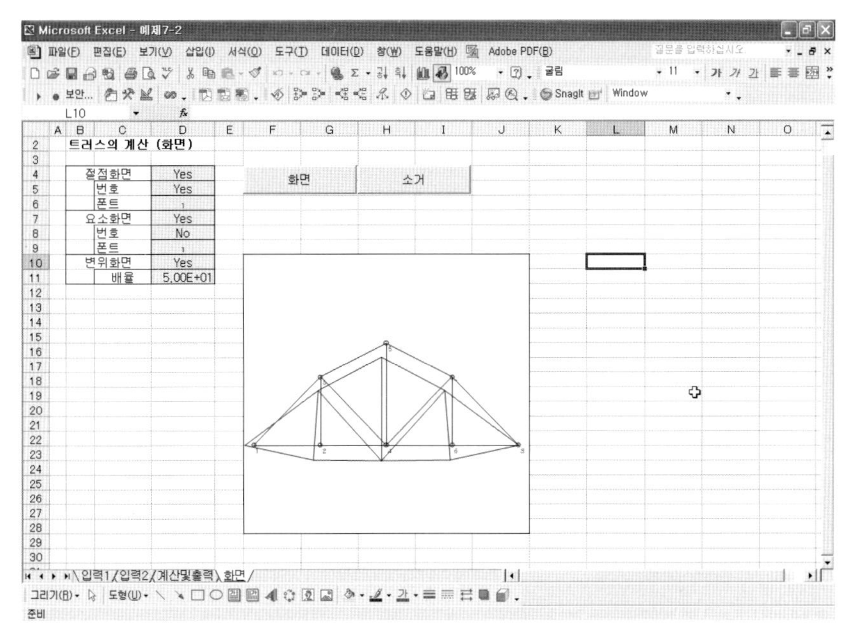

그림 7.13 계산결과 (도식화 데이터)

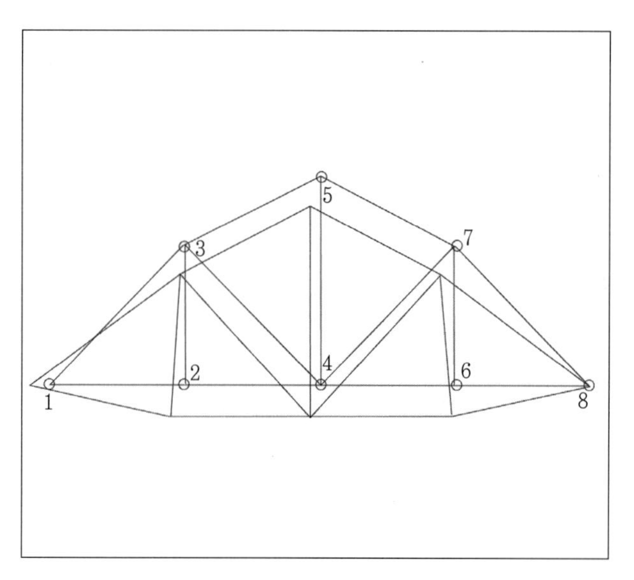

그림 7.14 도식화 데이터 확대

7.3 2차원 트러스 계산 프로그램의 조작방법

2차원 트러스 계산 프로그램의 사용방법은 2차원 라멘 계산 프로그램과 거의 동일하고 이하의 순서에 따라서 조작한다.

■ 2차원 트러스 계산의 순서

2차원 트러스 계산 프로그램의 사용방법은 이하의 순서에 따라 행한다.

(1) 구조의 모델화

(2) 절점데이터 입력

(3) 재료와 요소데이터 입력

(4) 하중조건 입력

(5) 구속조건 입력

(6) 계산수행, 계산 결과 표시 (수치데이터)

(7) 결과 표시 (도식화 데이터)

■ 2차원 트러스 계산예

그림 7.15에 보이는 바와 같은 트러스 구조계산을 2차원 트러스 구조해석 프로그램을 사용하여 행한다.

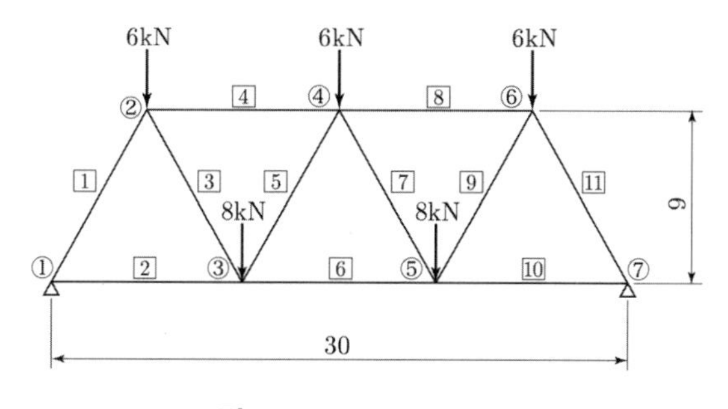

그림 7.15 (1) 구조의 모델화

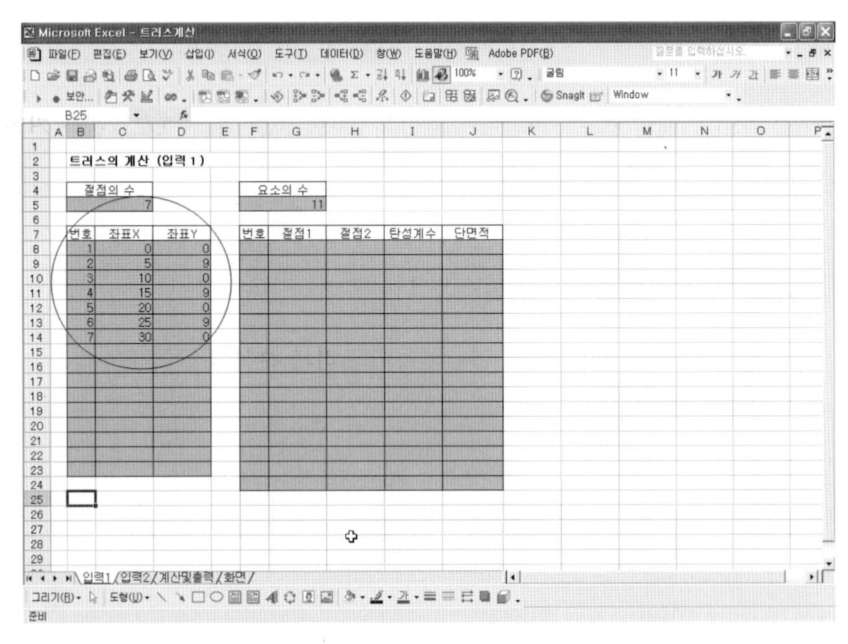

그림 7.16 (2) 절점데이터 입력

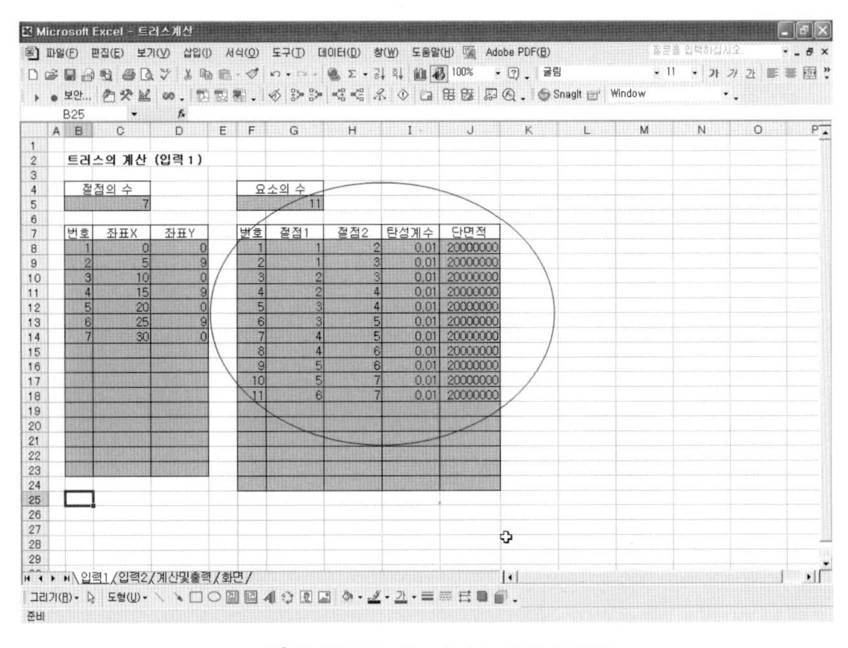

그림 7.17 (3) 재료와 요소데이터 입력

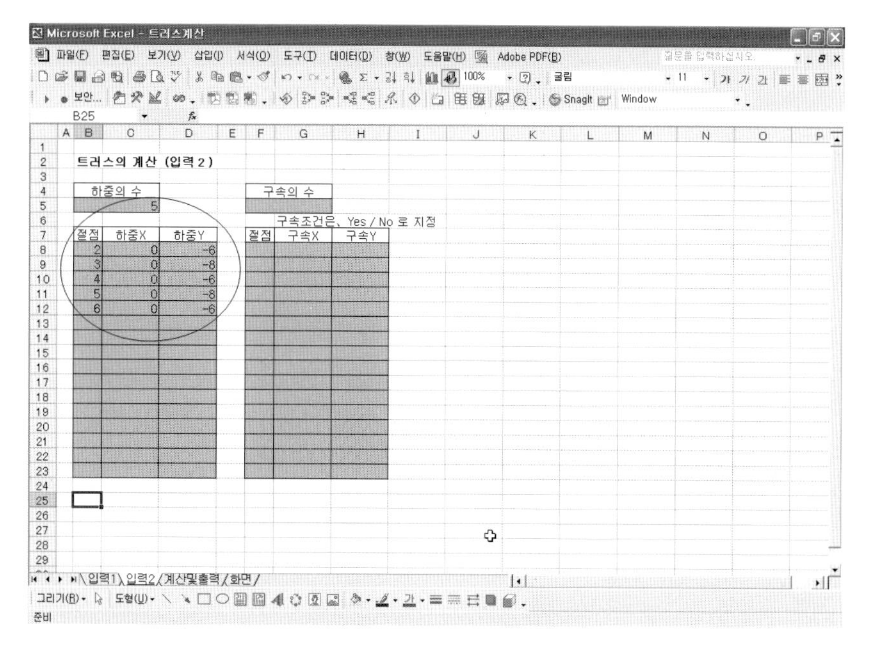

그림 7.18 (4) 하중조건 입력

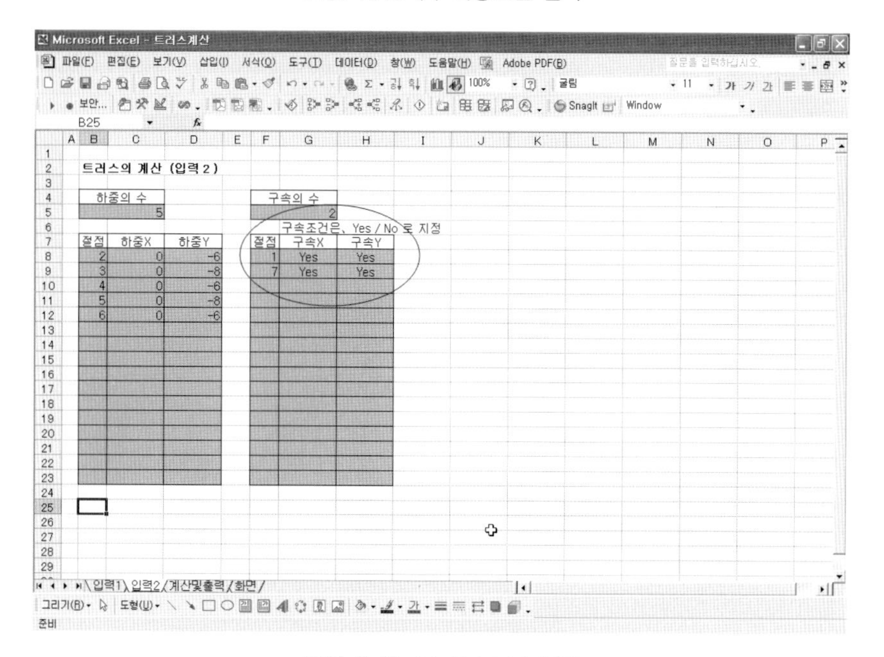

그림 7.19 (5) 구속조건 입력

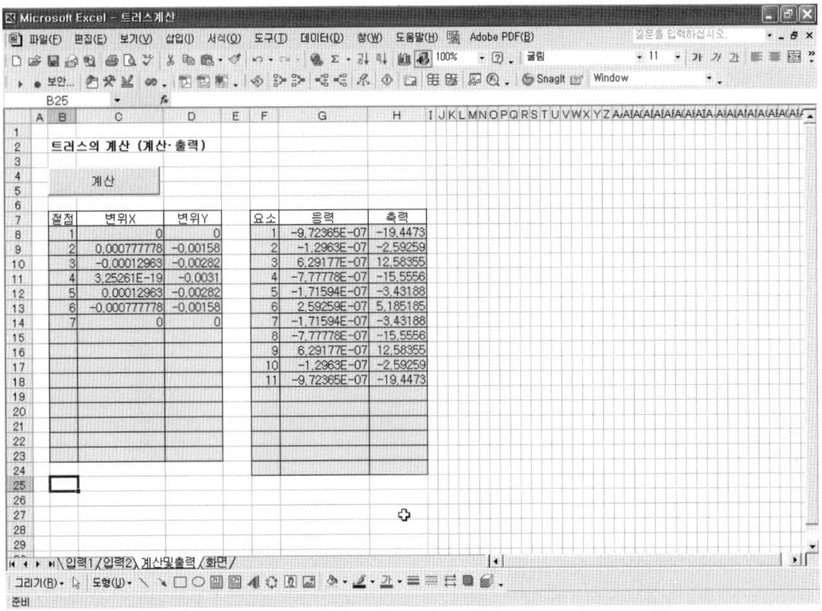
Microsoft Excel - 트러스계산
트러스의 계산 (계산·출력)
계산
절점 변위X 변위Y
1 0 0
2 0.000777778 -0.00158
3 -0.00012963 -0.00282
4 3.25261E-19 -0.0031
5 0.00012963 -0.00282
6 -0.000777778 -0.00158
7 0 0
요소 응력 축력
1 -9.72365E-07 -19.4473
2 -1.2963E-07 -2.59259
3 6.29177E-07 12.58355
4 -7.77778E-07 -15.5556
5 -1.71594E-07 -3.43188
6 2.59259E-07 5.185185
7 -1.71594E-07 -3.43188
8 -7.77778E-07 -15.5556
9 6.29177E-07 12.58355
10 -1.2963E-07 -2.59259
11 -9.72365E-07 -19.4473
입력1 입력2 계산및출력 화면

그림 7.20 (6) 계산수행, 계산 결과 표시 (수치데이터)

계산결과를 도식화하여 확인하는 것이 가능하도록 되어 있다. 그림 7.21의 시트에 나타나 있는 화면버튼을 클릭한다.

의도한 변위화면결과가 얻어지지 않은 경우는 배율을 변경하고 소거버튼을 누른 후에 한 번 더 화면버튼을 클릭한다.

그래도 결과가 나오지 않는 경우에는 입력한 데이터의 일부에 값이 틀려 있을 가능성이 있으므로 한 번 더 확인하는 것이 좋다.

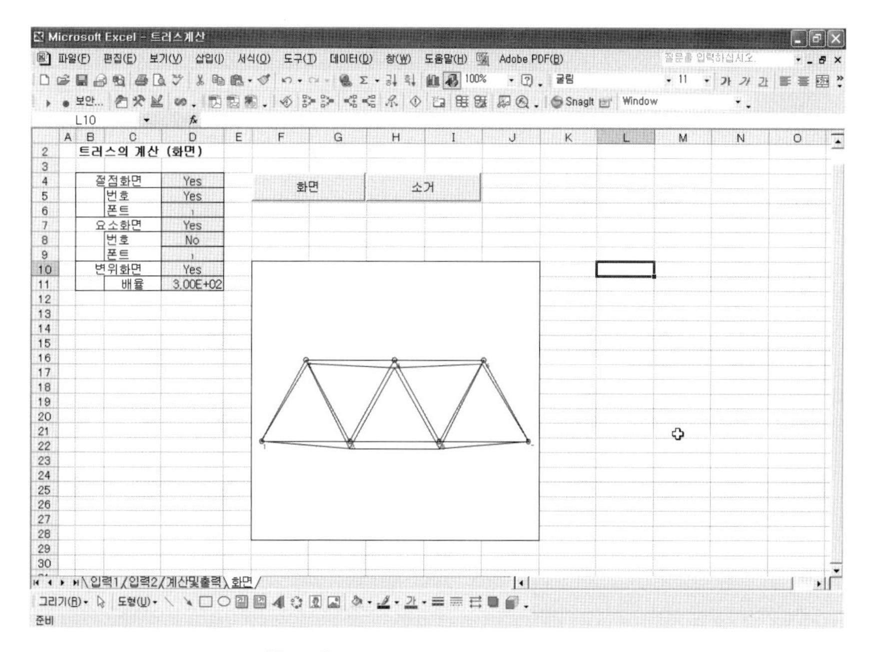

그림 7.21 (7) 결과 표시 (도식화 데이터)

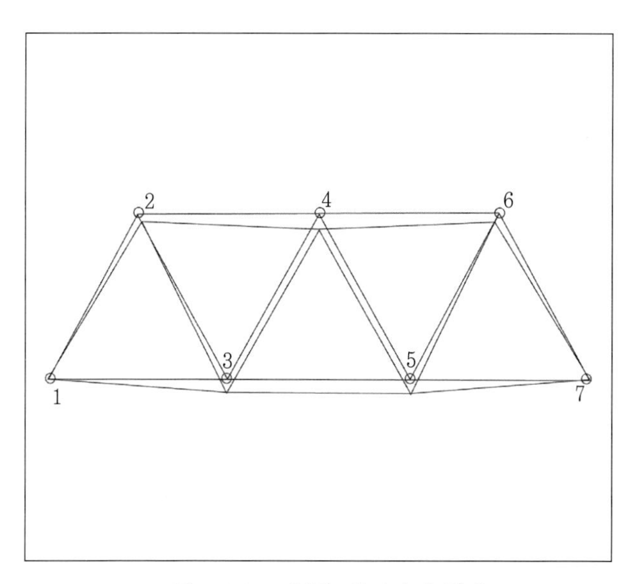

그림 7.22 도식화 데이터의 확대

7.4 2차원 트러스 계산 프로그램

유한요소법에 의한 2차원 트러스 계산 프로그램의 예를 보인다.

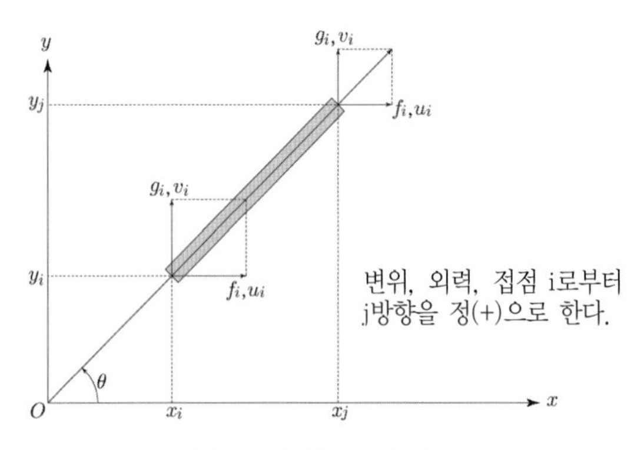

그림 7.23 변수 및 좌표계

x_i, y_i : 절점 i의 x좌표계, y좌표계

u_i, v_i : 절점 i의 변위의 x성분, y성분

f_i, g_i : 절점 i에 가해지는 하중의 x성분, y성분

A : 단면적

l : 부재의 길이

E : 탄성계수

ϵ : 변형률

σ : 응력

$$\frac{EA}{l}\begin{Bmatrix} \cos^2\theta & \cos\theta\sin\theta & -\cos^2\theta & -\sin\theta\cos\theta \\ \sin\theta\cos\theta & \sin^2\theta & -\cos\theta\sin\theta & -\sin^2\theta \\ -\cos^2\theta & -\cos\theta\sin\theta & \cos^2\theta & \sin\theta\cos\theta \\ -\sin\theta\cos\theta & -\sin^2\theta & \sin\theta\cos\theta & \sin^2\theta \end{Bmatrix}\begin{Bmatrix} u_i \\ v_i \\ u_j \\ v_j \end{Bmatrix}=\begin{Bmatrix} f_i \\ g_i \\ f_j \\ g_j \end{Bmatrix}$$

2차원 트러스 계산 프로그램 리스트

```
Option Explicit

Const 입력시트명1 = "입력1"
Const 입력시트명2 = "입력2"
Const MAX절점 = 100
Const MAX요소 = 100

Private Sub CommandButton1_Click()

    Dim 절점의수 As Integer, 요소의수 As Integer
    Dim 하중의수 As Integer, 구속의수 As Integer
    Dim 좌표X(MAX절점), 좌표Y(MAX절점)
    Dim 요소절점1(MAX요소) As Integer
    Dim 요소절점2(MAX요소) As Integer
    Dim 탄성계수(MAX요소) As Double
    Dim 단면적(MAX요소) As Double
    Dim 변위(MAX절점 * 2), 응력(MAX요소), 축력(MAX요소)

    Dim I, J, N, M, Node
    Dim Tf(MAX절점 * 2), Tkk(MAX절점 * 2, MAX절점 * 2)
    Dim L(4), W(4), Elk(4, 4), Dx, Dy, G, C, S, E, D, Q

    With Worksheets(입력시트명1)
        절점의수 = .Range("_절점의수")
        요소의수 = .Range("_요소의수")
        For M = 1 To 절점의수
            좌표X(M) = .Range("_좌표X").Offset(M, 0)
            좌표Y(M) = .Range("_좌표Y").Offset(M, 0)
        Next M
        For M = 1 To 요소의수
            요소절점1(M) = .Range("_요소절점1").Offset(M, 0)
            요소절점2(M) = .Range("_요소절점2").Offset(M, 0)
            탄성계수(M) = .Range("_탄성계수").Offset(M, 0)
            단면적(M) = .Range("_단면적").Offset(M, 0)
        Next M
    End With

    N = 2 * 절점의수
    For I = 1 To N
        For J = 1 To N
            Tkk(I, J) = 0#
```

```
        Next J
        Tf(I) = 0#
    Next I

    For M = 1 To 요소의수
        Dx = 좌표X(요소절점2(M)) - 좌표X(요소절점1(M))
        Dy = 좌표Y(요소절점2(M)) - 좌표Y(요소절점1(M))
        E = Sqr(Dx * Dx + Dy * Dy)
        G = 탄성계수(M) * 단면적(M) / E
        C = Dx / E
        S = Dy / E
        W(1) = C
        W(2) = S
        W(3) = -C
        W(4) = -S
        For I = 1 To 4
            For J = 1 To 4
                Elk(I, J) = G * W(I) * W(J)
            Next J
        Next I
        L(1) = 2 * 요소절점1(M) - 1
        L(2) = 2 * 요소절점1(M)
        L(3) = 2 * 요소절점2(M) - 1
        L(4) = 2 * 요소절점2(M)
        For I = 1 To 4
            For J = 1 To 4
                Tkk(L(I), L(J)) = Tkk(L(I), L(J)) + Elk(I, J)
            Next J
        Next I
    Next M

    With Worksheets(입력시트명2)
        하중의수 = .Range("_하중의수")
        구속의수 = .Range("_구속의수")
        For M = 1 To 하중의수
            Node = .Range("_하중절점").Offset(M, 0)
            Tf(2 * Node - 1) = .Range("_하중X").Offset(M, 0)
            Tf(2 * Node) = .Range("_하중Y").Offset(M, 0)
        Next M
        For M = 1 To 구속의수
            Node = .Range("_구속절점").Offset(M, 0)
            If UCase(.Range("_구속X").Offset(M, 0)) = "YES" Then
                I = 2 * Node - 1
```

```
            For J = 1 To N
                Tkk(I, J) = 0#
                Tkk(J, I) = 0#
            Next J
            Tkk(I, I) = 1#
            Tf(I) = 0#
        End If
        If UCase(.Range("_구속Y").Offset(M, 0)) = "YES" Then
            I = 2 * Node
            For J = 1 To N
                Tkk(I, J) = 0#
                Tkk(J, I) = 0#
            Next J
            Tkk(I, I) = 1#
            Tf(I) = 0#
        End If
    Next M
End With

For M = 1 To N - 1
    Q = Tkk(M, M)
    For J = M + 1 To N
        Tkk(M, J) = Tkk(M, J) / Q
    Next J
    Tf(M) = Tf(M) / Q
    For I = M + 1 To N
        For J = M + 1 To N
            Tkk(I, J) = Tkk(I, J) - Tkk(I, M) * Tkk(M, J)
        Next J
        Tf(I) = Tf(I) - Tkk(I, M) * Tf(M)
    Next I
Next M

변위(N) = Tf(N) / Tkk(N, N)
For M = N - 1 To 1 Step -1
    S = Tf(M)
    For J = M + 1 To N
        S = S - Tkk(M, J) * 변위(J)
    Next J
    변위(M) = S
Next M

For M = 1 To 요소의수
```

```
        I = 요소절점1(M)
        J = 요소절점2(M)
        Dx = 좌표X(J) - 좌표X(I)
        Dy = 좌표Y(J) - 좌표Y(I)
        E = Sqr(Dx * Dx + Dy * Dy)
        C = Dx / E
        S = Dy / E
        D = C * (변위(2 * J - 1) - 변위(2 * I - 1)) _
                          + S * (변위(2 * J) - 변위(2 * I))
        응력(M) = 탄성계수(M) * (D / E)
        축력(M) = 단면적(M) * 응력(M)
    Next M

    For M = 1 To 절점의수
        Range("_절점번호").Offset(M, 0) = M
        Range("_변위X").Offset(M, 0) = 변위(2 * M - 1)
        Range("_변위Y").Offset(M, 0) = 변위(2 * M)
    Next M

    For M = 1 To 요소의수
        Range("_요소번호").Offset(M, 0) = M
        Range("_응력").Offset(M, 0) = 응력(M)
        Range("_축력").Offset(M, 0) = 축력(M)
    Next M

End Sub
```

2차원 트러스 계산 화면 프로그램 리스트

```
Option Explicit

Const 입력시트명1 = "입력1"
Const 출력시트명 = "계산및출력"
Const 여백 = 10

Private Sub cmd화면_Click()

    Dim I As Integer
    Dim 테두리좌 As Single, 테두리상 As Single
    Dim 테두리폭 As Single, 테두리고 As Single
    Dim 절점의수, 요소의수, 변위배율, 좌표X(), 좌표Y()
    Dim 절점1, 절점2
    Dim MinX As Single, MinY As Single
    Dim MaxX As Single, MaxY As Single
    Dim Base좌 As Single, Base하 As Single, Ratio As Double

    테두리좌 = Range("_화면영역").Left + 여백
    테두리상 = Range("_화면영역").Top + 여백
    테두리폭 = Range("_화면영역").Width - 여백 * 2
    테두리고 = Range("_화면영역").Height - 여백 * 2

    With Worksheets(입력시트명1)
        절점의수 = .Range("_절점의수")
        ReDim 좌표X(절점의수), 좌표Y(절점의수)
        For I = 1 To 절점의수
            좌표X(I) = .Range("_좌표X").Offset(I, 0)
            좌표Y(I) = .Range("_좌표Y").Offset(I, 0)
        Next I
        MinX = 좌표X(1)
        MinY = 좌표Y(1)
        MaxX = 좌표X(1)
        MaxY = 좌표Y(1)
        For I = 2 To 절점의수
            If MinX > 좌표X(I) Then MinX = 좌표X(I)
            If MinY > 좌표Y(I) Then MinY = 좌표Y(I)
            If MaxX < 좌표X(I) Then MaxX = 좌표X(I)
            If MaxY < 좌표Y(I) Then MaxY = 좌표Y(I)
        Next I
        If MaxX - MinX > MaxY - MinY Then
            Ratio = 테두리폭 / (MaxX - MinX)
            Base좌 = 테두리좌 - MinX * Ratio
            Base하 = 테두리상 + 테두리고 - MinY * Ratio _
```

```
                - (테두리고 - (MaxY - MinY) * Ratio) / 2
Else
    Ratio = 테두리고 / (MaxY - MinY)
    Base좌 = 테두리좌 - MinX * Ratio _
                + (테두리폭 - (MaxX - MinX) * Ratio) / 2
    Base하 = 테두리상 + MaxY * Ratio
End If
For I = 1 To 절점의수
    If UCase(Range("_절점화면")) = "YES" Then
        Shapes.AddShape msoShapeOval _
            , Base좌 + 좌표X(I) * Ratio - 2 _
            , Base하 - 좌표Y(I) * Ratio - 2, 4, 4
    End If
    If UCase(Range("_절점번호화면")) = "YES" Then
        With Shapes.AddLabel(msoTextOrientationHorizontal,
        Base좌 + 좌표X(I) * Ratio, Base하 - 좌표Y(I) * Ratio, 0, 0)
            .TextFrame.Characters.Text = I
            .TextFrame.Characters.Font.Name _
                = Range("_절점번호폰트").Font.Name
            .TextFrame.Characters.Font.Size _
                = Range("_절점번호폰트").Font.Size
            .TextFrame.Characters.Font.Color _
                = Range("_절점번호폰트").Font.Color
        End With
    End If
Next I
요소의수 = .Range("_요소의수")
For I = 1 To 요소의수
    절점1 = .Range("_요소절점1").Offset(I, 0)
    절점2 = .Range("_요소절점2").Offset(I, 0)
    If UCase(Range("_요소화면")) = "YES" Then
        Shapes.AddLine Base좌 + 좌표X(절점1) * Ratio _
                , Base하 - 좌표Y(절점1) * Ratio _
                , Base좌 + 좌표X(절점2) * Ratio _
                , Base하 - 좌표Y(절점2) * Ratio
    End If
    If UCase(Range("_요소번호화면")) = "YES" Then
        With Shapes.AddLabel( _
            msoTextOrientationHorizontal _
            , Base좌 + (좌표X(절점1) + 좌표X(절점2)) _
                                / 2 * Ratio _
            , Base하 - (좌표Y(절점1) + 좌표Y(절점2)) _
                                / 2 * Ratio, 0, 0)
            .TextFrame.Characters.Text = I
            .TextFrame.Characters.Font.Name _
```

```
                    = Range("_요소번호폰트").Font.Name
                .TextFrame.Characters.Font.Size _
                    = Range("_요소번호폰트").Font.Size
                .TextFrame.Characters.Font.Color _
                    = Range("_요소번호폰트").Font.Color
            End With
        End If
    Next I
End With
If UCase(Range("_변위화면")) = "YES" Then
    변위배율 = Range("_변위화면배율")
    With Worksheets(출력시트명)
        For I = 1 To 절점의수
            좌표X(I) = 좌표X(I) _
                + .Range("_변위X").Offset(I, 0) * 변위배율
            좌표Y(I) = 좌표Y(I) _
                + .Range("_변위Y").Offset(I, 0) * 변위배율
        Next I
    End With
    With Worksheets(입력시트명1)
        For I = 1 To 요소의수
            절점1 = .Range("_요소절점1").Offset(I, 0)
            절점2 = .Range("_요소절점2").Offset(I, 0)
            Shapes.AddLine Base좌 + 좌표X(절점1) * Ratio _
                , Base하 - 좌표Y(절점1) * Ratio _
                , Base좌 + 좌표X(절점2) * Ratio _
                , Base하 - 좌표Y(절점2) * Ratio
        Next I
    End With
End If

End Sub


Private Sub cmd소거_Click()

    Dim I
    For I = Shapes.Count To 1 Step -1
        If Shapes(I).Type <> msoOLEControlObject Then
            Shapes(I).Delete
        End If
    Next I

End Sub
```

찾아보기

ㅈ

ㅊ

ㅋ

ㅌ

ㅍ

ㅎ

기타

엑셀을 이용한 구조역학 입문

초판인쇄 2010년 3월 29일
초판발행 2010년 4월 5일

지 은 이 차바타 요스케 · 다나카 카즈미
옮 긴 이 송명관 · 노혁천
펴 낸 이 김성배
펴 낸 곳 도서출판 씨아이알

편 집 장 송지원
디 자 인 나영선, 송은이
제작책임 윤석진

등록번호 제2-3285호
등 록 일 2001년 3월 19일
주 소 100-250 서울특별시 중구 예장동 1-151
전화번호 02-2275-8603(대표) 팩스번호 02-2275-8604
홈페이지 www.circom.co.kr

ISBN 978-89-92259-45-3 93530
정가 18,000원